少年科学院

GUANYU SHIWU NI YAO ZHIDAO DE 100 JIAN SHI

关于食物，你要知道的100件事

英国尤斯伯恩出版公司　编著

张晓桐　房欲飞　译

接力出版社
Publishing House

食物是人类赖以生存的
必需品，
为身体提供营养的同时，
还会给你带来满满的幸福感。

食物中藏着看不见的科学知识，
包罗了不同地域的文化特色，
还蕴含着人们的生活追求和审美情趣。

你用心感受过食物吗？
打开这本书，
让它带你揭秘关于食物不可不知的真相。

1 每天只吃一种食物，

只有在婴儿时期才可以。

人类需要从不同的食物中获取营养，以保持身体健康。但婴儿可以只喝母乳或配方奶粉就能从中获取身体所需的全部营养和水分，这对成年人来说远远不够。

科学家把营养物质分为几大类。
人体所需的各种营养物质都可以在母乳或配方奶粉中找到。

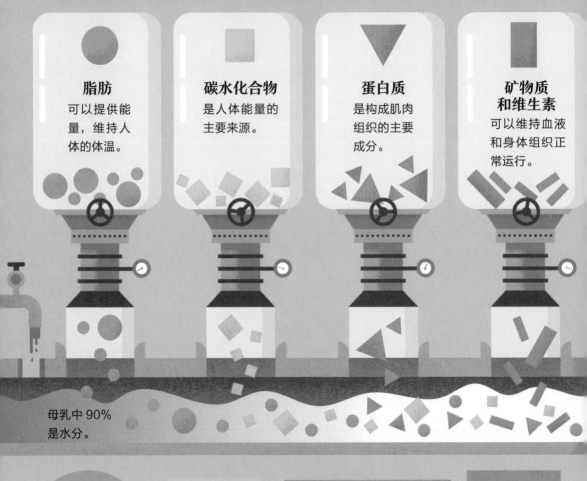

脂肪
可以提供能量，维持人体的体温。

碳水化合物
是人体能量的主要来源。

蛋白质
是构成肌肉组织的主要成分。

矿物质和维生素
可以维持血液和身体组织正常运行。

母乳中 90%
是水分。

坚果、牛油果、肉类、奶酪中含有脂肪。

大米、面包、面条、水果中含有碳水化合物。

红肉、鱼、豆腐、鸡蛋中含有蛋白质。

水果、蔬菜、坚果中含有矿物质。

母乳中还含有多种抗体，婴儿可以从中获得并提高自身的免疫力。

你可以翻到第118—121页查看"营养"等词的解释哟。

乳制品专营店

新生儿每天只需要喝两三瓶配方奶粉，就可以获取身体所需的全部营养。

大一点儿的婴儿每天需要喝四五瓶，同时再搭配一点儿辅食。

如果只能喝奶，成年人每天至少需要喝8瓶奶，才能获得足够的营养。

对于成年人来说，配方奶粉所富含的营养远远不够身体所需。

2 水稻……

养活了地球上一半以上的人。

全球约有 35 亿人以大米为主食，也就是说，大米是他们餐桌上不可或缺的食物。

全球水稻种植面积约为 150 万平方千米。

每年全球水稻产量约为 7.5 亿吨，相当于约 35×10^{15} 粒大米。

除了南极洲，全球有 100 多个国家和地区种植水稻。

全世界的人们每天摄入的卡路里中有 1/5 来自大米。

亚洲种植和食用的水稻占全球 90%。

水稻通常种植在水里，大米就是水稻的种子。

水稻的产量在所有农作物中位居第三，是除玉米和甘蔗之外世界上产量最高的农作物。

3

世界上最早的烹饪书……

是用泥板烧制的。

4,000 多年前，在美索不达米亚（今底格里斯河与幼发拉底河的中下游地区），有人将 35 种食谱刻在了用黏土制成的泥板上。泥板经过烧制后变得坚固耐用，至今仍能阅读。

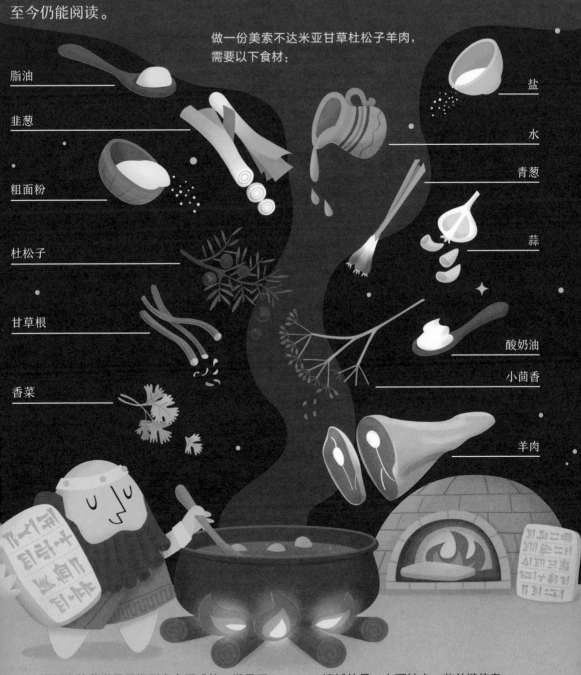

做一份美索不达米亚甘草杜松子羊肉，需要以下食材：

脂油

韭葱

粗面粉

杜松子

甘草根

香菜

盐

水

青葱

蒜

酸奶油

小茴香

羊肉

泥板上的菜谱是用楔形文字写成的，记录了肉羹、野味饼和粥等食物的做法。

遗憾的是，上面缺少一些关键信息，比如各种食材的用量以及搭配方式。

4 80% 的味道……

是靠鼻子闻出来的。

人类的舌头只能分辨出几种基本味道，但是鼻子却可以将这寥寥几种味道转化成无数种。它的工作原理如下——

闻

食物是由各种化合物组成的。在就餐前，这些化合物的气味会飘进鼻子被嗅觉感受器捕捉，然后通过嗅觉神经将信息传递给大脑中的嗅觉中枢。

尝

人类的舌头上大约有 10,000 个味蕾，每个味蕾上大约有 100 个味觉细胞。吃东西时，味觉细胞会识别出不同的化合物，然后通过味觉神经将信息传递给大脑中的味觉中枢。

咀嚼

咀嚼时，大量气味分子会通过口腔后部进入鼻腔。

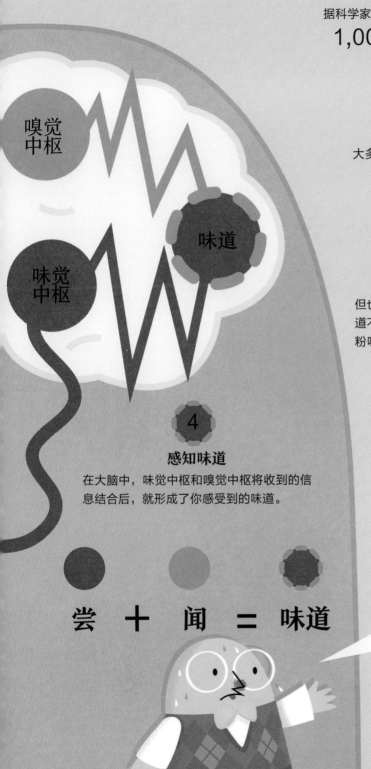

据科学家估算，普通人的鼻子可以分辨出

1,000,000,000,000

种气味。

大多数人认为舌头只能分辨出
5 种基本味道——
酸、
甜、
苦、
辣、
咸。

但也有一些科学家认为，基本味道不止 5 种，还包括金属味、淀粉味、薄荷味等。

嗅觉
中枢

味道

味觉
中枢

4

感知味道

在大脑中，味觉中枢和嗅觉中枢将收到的信息结合后，就形成了你感受到的味道。

尝 ＋ 闻 ＝ 味道

如果没有嗅觉，人类只能分辨出5种基本味道。这就是为什么人在感冒时，吃什么都觉得没味儿。

5 人类吃掉的鲨鱼的数量，

比鲨鱼吃掉的人的数量多得多。

在很多电影和电视节目中，鲨鱼常常被描绘成吃人的凶残动物。但实际上，鲨鱼很少攻击人，反而常常被人类所捕杀，成为餐桌上的美食。

鲨鱼每年吃掉的人类
数量约为 5 人。

人类每年吃掉的野生鲨鱼数量约为
100,000,000 头。

来看看世界各地的鲨鱼菜肴吧——

鲨鱼汉堡包

加勒比地区

炸鱼柳和薯条

澳大利亚

鱼翅汤

亚洲

鲨鱼排

世界各地

全球共有1,000多种鲨鱼，其中一些正濒临灭绝。有的国家已经颁布了法律，禁止食用这些鲨鱼，并且禁止以血腥手段捕杀鲨鱼。

6 在食物匮乏时,

骆驼奶是一种救急食物。

在非洲和中东的一些干旱地区,饮用骆驼奶要比饮用牛奶更普遍,因为骆驼即使好几天滴水不进,仍然可以产奶,为人们提供食物。

奶牛只有在喝足水的情况下才能产奶。

骆驼善于储存水,即使 20 天不喝水也能产奶。

在严重干旱时期,大部分农作物和牲畜都会死亡。
这时,骆驼奶就会成为救命的食物。

骆驼奶产业比较发达的一些国家有——

索马里
肯尼亚
马里
埃塞俄比亚
尼日尔
沙特阿拉伯
苏丹
阿拉伯联合酋长国
毛里塔尼亚
乍得

7 维生素是……

保持身体健康不可或缺的营养物质。

食物中含有各种维生素，每种都有其特定的作用。维生素有助于增强人体的免疫力，是人体生长发育所必需的一种营养物质。

维生素A

作用： 适量补充有助于保护视力
食物来源： 胡萝卜、南瓜等

维生素C

作用： 适量补充可提高免疫力
食物来源： 柑橘类水果、彩椒、草莓等

维生素 C 只能在人体内存留几个小时，很快就会被消耗掉或被排出体外，所以人体每天都需要补充。

维生素B_9
（俗称叶酸）

作用： 促进细胞发育和 DNA（脱氧核糖核酸）合成
食物来源： 菠菜、芦笋等

维生素 B_9 对孕妇来说十分重要。如果缺乏，会影响胎儿的大脑和脊髓发育。

维生素E

作用： 保护细胞
食物来源： 坚果等

均衡补充维生素

体内缺乏维生素会导致严重的健康问题。
比如——

缺乏维生素 D 会引起佝（gōu）偻（lóu）病，主要症状是腿部骨骼变软，容易变形。

但过犹不及，维生素摄入过量，同样会引起严重的健康问题。
比如——

维生素 D 摄入过量会对肾脏造成伤害。

维生素K

作用： 能止血
食物来源： 西蓝花、豆芽等

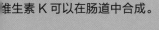

维生素 K 可以在肠道中合成。

维生素B$_1$
（俗称硫胺素）

作用： 给大脑提供能量
食物来源： 豆类、鱼类等

适量补充维生素 D 有助于骨骼正常发育，强化骨骼。

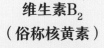

维生素B$_2$
（俗称核黄素）

作用： 参与能量代谢
食物来源： 鸡肉等

维生素D

食物来源： 鱼油、鸡蛋等

8 软心巧克力中的填充物……

会把自己分解掉。

软心巧克力中包裹的物质最开始是固态，但慢慢地就会变成液态，这种现象叫作自溶。比如将餐后薄荷糖包进巧克力中，薄荷糖就会发生自溶现象。

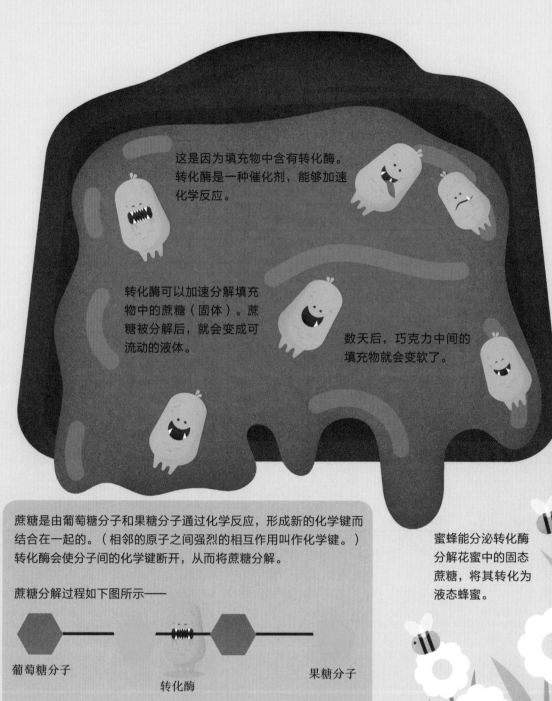

这是因为填充物中含有转化酶。转化酶是一种催化剂，能够加速化学反应。

转化酶可以加速分解填充物中的蔗糖（固体）。蔗糖被分解后，就会变成可流动的液体。

数天后，巧克力中间的填充物就会变软了。

蔗糖是由葡萄糖分子和果糖分子通过化学反应，形成新的化学键而结合在一起的。（相邻的原子之间强烈的相互作用叫作化学键。）转化酶会使分子间的化学键断开，从而将蔗糖分解。

蜜蜂能分泌转化酶分解花蜜中的固态蔗糖，将其转化为液态蜂蜜。

蔗糖分解过程如下图所示——

葡萄糖分子　　　　　　转化酶　　　　　　果糖分子

9 玉米片中……

含有细小的铁碎屑。

我们吃的早餐玉米片属于一种强化食品，其中富含维生素和矿物质。强化食品中添加了一定量的营养物质，更富有营养。玉米片中就添加了一些细小的铁碎屑，可以给身体补充铁元素，有助于血液将氧气输送至全身各处。

玉米片中的铁是将纯铁磨碎以后，人工添加进去的。

铁具有磁性。如果你找一块磁铁，说不定可以把带有铁碎屑的玉米片吸起来。

铁碎屑并不是均匀分布的。

需要找一块磁力很强的磁铁哟！

10　膳食纤维……

是健康饮食不可缺少的。

一些植物性食物，如蔬菜、谷物、坚果，含有一些不能被人体消化吸收的物质，这部分物质对人体的健康至关重要，它们就是膳食纤维。

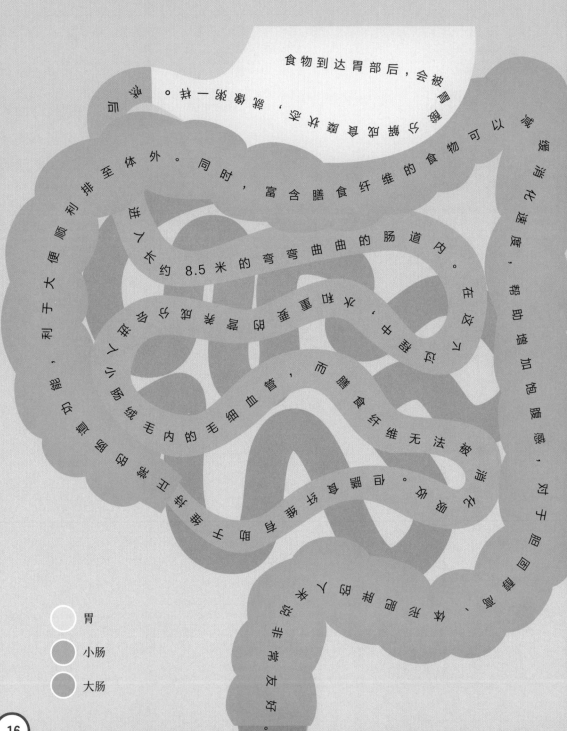

食物到达胃部后，会被胃液慢慢分解，变成食糜，进入一条长约8.5米的弯弯曲曲的肠道内。同时，富含膳食纤维的食物可以减缓消化速度，帮助增加饱腹感，对于胆固醇的代谢非常友好。大部分营养物质可被小肠绒毛内的毛细血管吸收进血液，而膳食纤维无法被消化吸收……它还能促进肠道蠕动，改善肠道功能，利于大便顺利排出体外，防止便秘。

○ 胃
● 小肠
● 大肠

美国的宇航员……

最想吃的早餐是牛排和鸡蛋。

早期，美国的宇航员在乘坐航天器升空前只吃膳食纤维含量低的食物，这是为了避免在狭小的太空舱内使用袋子排便。

早期的太空舱空间狭小，无法设置单独的卫生间。

所以，如果在短期内可以完成太空任务，比如只有几个小时或几天，宇航员们就会忍着。

为了减少排便次数，美国国家航空航天局研发了一种特殊的航天食品——低渣食物，这种食物消化后在肠道内留下的残渣较少。

在进入太空的前几天，宇航员就开始吃这些低纤维、高蛋白和高脂肪的食物。

定制早餐

培根、腌猪腿、火腿鸡蛋
T骨牛排、西冷牛排、肋眼牛排

蛋白质和脂肪产生的食物残渣很少，加上纤维摄入少，宇航员们可能会轻微便秘，但这对他们来说是一件好事。

12 吃一些含糖量高的食物……

过不了多久反而会更饿。

每天我们都需要摄入一定的糖，但有些含糖的食物吃过后，会很快产生疲惫感。这是为什么呢？下面以两种含糖食物为例，解释摄入这些糖后，身体发生的不同反应。

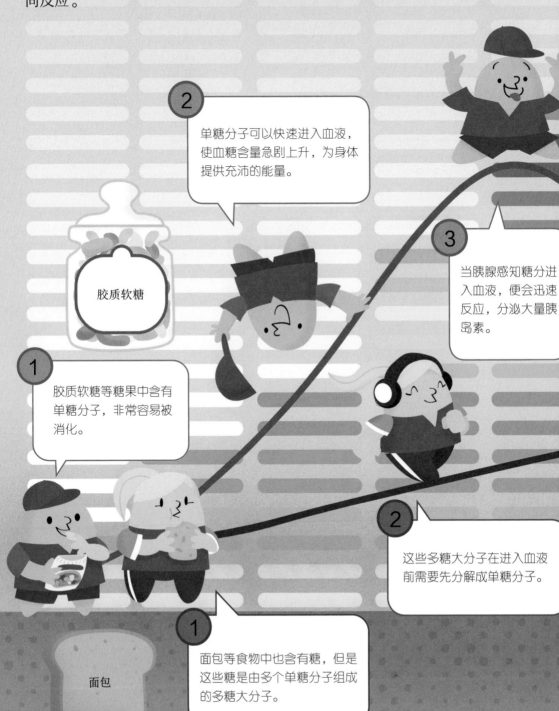

2 单糖分子可以快速进入血液，使血糖含量急剧上升，为身体提供充沛的能量。

胶质软糖

3 当胰腺感知糖分进入血液，便会迅速反应，分泌大量胰岛素。

1 胶质软糖等糖果中含有单糖分子，非常容易被消化。

2 这些多糖大分子在进入血液前需要先分解成单糖分子。

1 面包等食物中也含有糖，但是这些糖是由多个单糖分子组成的多糖大分子。

面包

白面包和全谷物面包，哪个更好？

如果你想获得持续稳定的能量来源，可以选择吃全谷物类的食品。

与白面包相比，全谷物面包中富含膳食纤维，有助于减缓糖分子进入血液的速度。

4 胰岛素可以将血糖送进组织细胞，并在细胞中转化为能量。胰岛素还能促进肝脏吸收并储存多余的糖分。

3 分解的过程需要花费一定时间，因此身体中的血糖水平可以缓慢而稳定地升高，为身体提供持久的能量。

5 但胰岛素大量分泌会促使肝脏吸收很多糖分，甚至会超过刚刚从食物中获取的糖，导致血糖含量变低。

6 这时就会出现低血糖，人体会感到饥饿、疲乏、烦躁。

13 神秘果……

会把柠檬变得甜甜的。

在非洲西部，生长着一种小小的红色水果，叫作神秘果。吃完神秘果后，再吃其他任何食物你都会觉得甜甜的，即使是柠檬和醋。

1个小时之内，**吃什么都是甜滋滋的！**

神秘果

把酸酸的食物变甜就靠它！

不含糖哟！

含有 神秘果蛋白

神秘果中含有一种叫作神秘果蛋白的化学物质，这种物质本身并不甜，但它能对舌头上的味蕾产生作用。

吃了它之后，对甜味敏感的味蕾开始兴奋、活跃起来。在1个小时之内，无论吃什么你都会觉得很甜。

科学家们正努力从神秘果中提取神秘果蛋白，将其用作调味剂，这样未来的食物中含糖量就会降低。

14 切洋葱……

会使人止不住地流泪。

切洋葱时，洋葱的细胞会破裂，之后发生的一系列化学反应，就会导致人流泪。

切洋葱时，菜刀会破坏洋葱的细胞。这时，洋葱细胞里含有硫元素的化学物质会散发到空气中，对我们的鼻子和眼睛产生刺激。

在水下切洋葱可以防止带有硫元素的化学物质散发到空气中，这样就不会流泪了。

15 嚼口香糖……

有助于术后恢复。

病人在某些手术后需要暂时关闭消化系统，要等身体恢复一段时间才可以进食。在恢复期，找个东西来咀嚼，不要吞咽，比如口香糖，有助于重新启动消化系统。

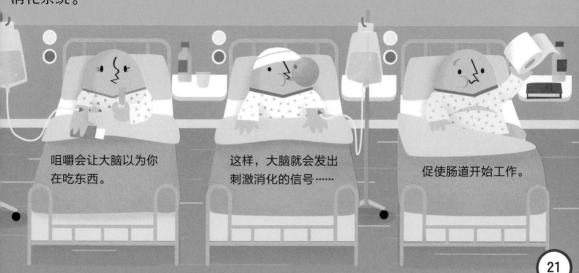

咀嚼会让大脑以为你在吃东西。

这样，大脑就会发出刺激消化的信号……

促使肠道开始工作。

16 可食用的植物，

我们吃过的少之又少。

据科学家估计，全球有 350,000 多种植物。其中，约有 80,000 种植物的根、种子、叶子等可供人类食用，不过人类只吃过其中很少一部分。而大规模种植的就更少了。

不可食用的原因主要有两个：
1.有毒
2.不易消化

根

茎

花

种子

人类可食用的植物约
80,000 种。

果实

树皮

人类已食用过的植物约 7,000 种。

叶

坚果

大规模种植的植物有 150—200 种。

为什么这么少呢？

因为农民只种植一种作物，比如玉米、小麦，就可以赚很多钱。这比种植很多种要省事得多，而且需要的技术和设备也少得多。

17 厨师帽上的每一道褶……

都代表一种烹饪鸡蛋的方式。

传统厨师帽上有 100 道褶，据说，每一道褶代表一种烹饪鸡蛋的方式。

这可能只是个传说，但不同的厨师帽的确有不同的含义。

在烹饪界，厨师帽上的褶子数代表厨师的等级。褶子数越多，等级越高。

厨师帽越高，也表示厨师的等级越高。

主厨

鸡蛋烹饪宝典

18 一个面包的诞生，

需要花费将近一年的时间。

面包是世界上历史悠久、非常重要的食物之一。很多人每天都会买面包，但大多数人并不知道，从把小麦种子种在地里到变成面包店里香喷喷的面包，中间至少需要9个多月的时间（这是指冬小麦的生长期）。

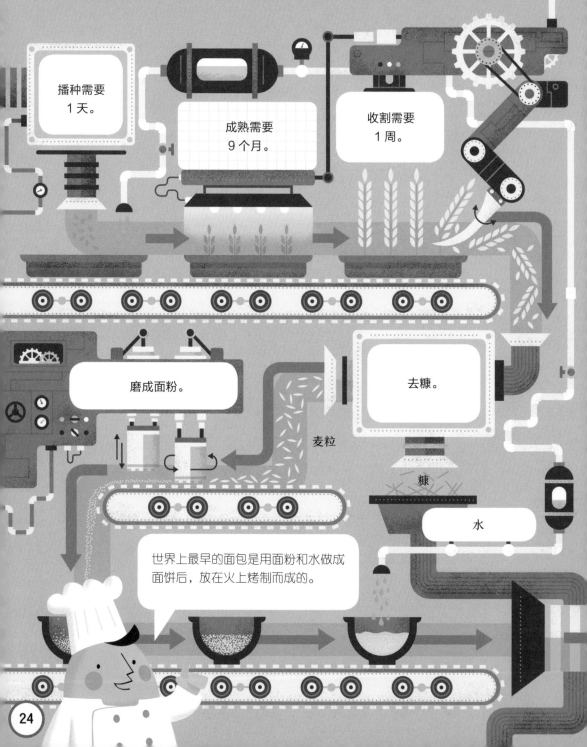

播种需要
1天。

成熟需要
9个月。

收割需要
1周。

磨成面粉。

去糠。

麦粒

糠

水

世界上最早的面包是用面粉和水做成
面饼后，放在火上烤制而成的。

19 酵母菌……

可以用来发面。

在面粉中加入酵母菌和一些糖，就可以把面发起来。酵母菌能分解面粉中的葡萄糖，产生二氧化碳和酒精，二氧化碳遇热膨胀，在面团内部形成小孔，使面团变得蓬松软糯。

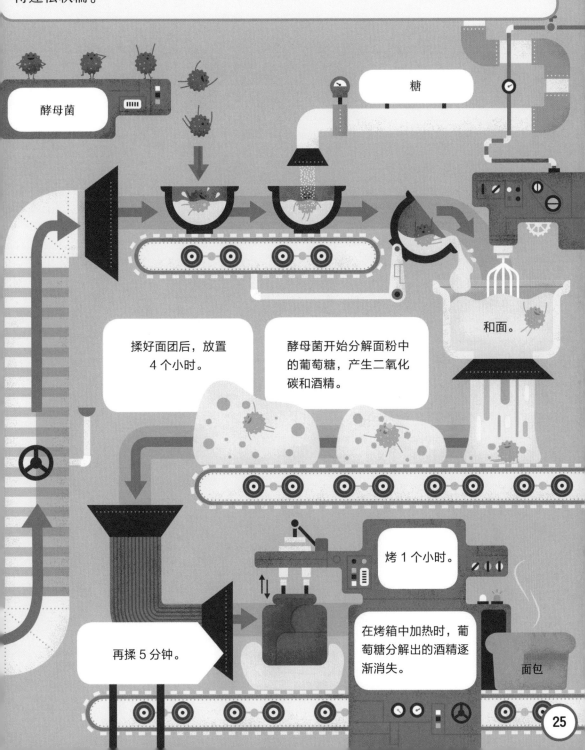

酵母菌

糖

和面。

揉好面团后，放置4个小时。

酵母菌开始分解面粉中的葡萄糖，产生二氧化碳和酒精。

烤1个小时。

再揉5分钟。

在烤箱中加热时，葡萄糖分解出的酒精逐渐消失。

面包

20 "彩虹饮食"，

让我们的身体更健康。

很多医生建议人们日常多吃各种颜色的水果和蔬菜，这是因为不同颜色的食物中含有不同的营养物质，有助于营养均衡，保持身体健康。

一些食物呈红色，是因为其中含有番茄红素。番茄红素有助于保持心脏健康。

一些食物呈橙色或黄色，是因为其中含有β-胡萝卜素。β-胡萝卜素对皮肤和眼睛有好处。

很多黄色和橙色食物中富含维生素C，维生素C有助于增强人体的免疫力。

很多绿色食物中富含叶黄素，叶黄素能有效预防眼部疾病。绿叶蔬菜中还富含叶酸，叶酸有助于构建健康的细胞。

一些食物呈蓝色或紫色，是因为其中含有花青素。花青素有助于增强记忆力，保持心脏健康。

21 你可能并不是对某种食物上瘾，

而是对吃上瘾。

吃东西时，大脑会分泌出一种叫作多巴胺的化学物质，它会使人产生愉悦感和满足感，并陷入无限循环的过程：愉悦——低落——想再次愉悦。

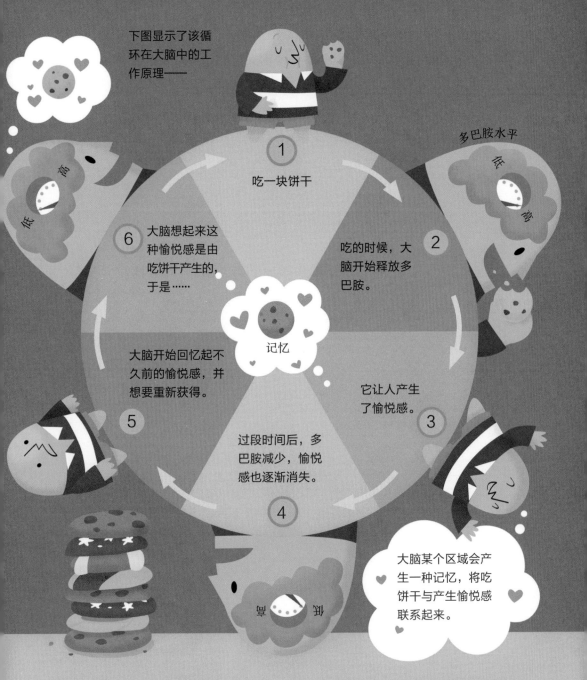

下图显示了该循环在大脑中的工作原理——

1 吃一块饼干

多巴胺水平 低 高

2 吃的时候，大脑开始释放多巴胺。

6 大脑想起来这种愉悦感是由吃饼干产生的，于是……

记忆

3 它让人产生了愉悦感。

5 大脑开始回忆起不久前的愉悦感，并想要重新获得。

4 过段时间后，多巴胺减少，愉悦感也逐渐消失。

大脑某个区域会产生一种记忆，将吃饼干与产生愉悦感联系起来。

你发现了吗？引起这种循环的并不是饼干，而是吃的时候大脑释放的多巴胺所带来的愉悦感。这个过程叫作"奖赏通路"。

22 我们吃的肉里……

含有铁元素。

地球上所有的物质都由元素构成，食物也不例外。目前，科学家共发现了118种元素。这一页展示了这118种元素，还列举了常见食物中富含哪些元素。

钙是构成骨骼和牙齿的主要成分。

铁有助于血液中氧气的输送。

锶可以强健骨骼。

钴是维生素B$_{12}$的重要组成成分，对促进红细胞的生成至关重要。

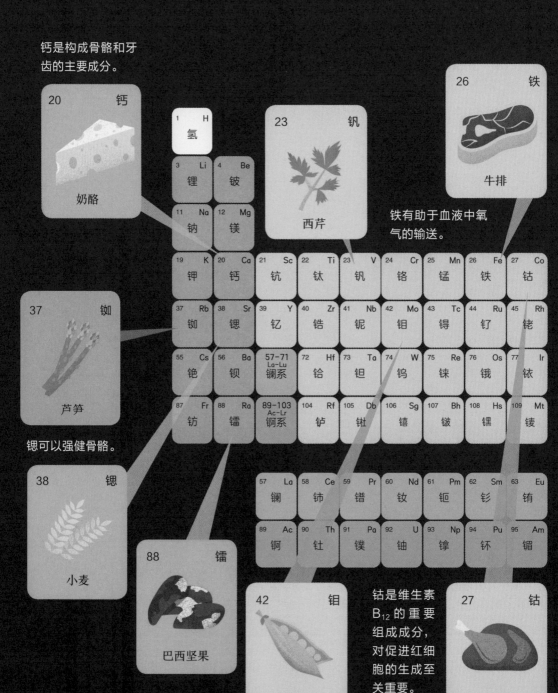

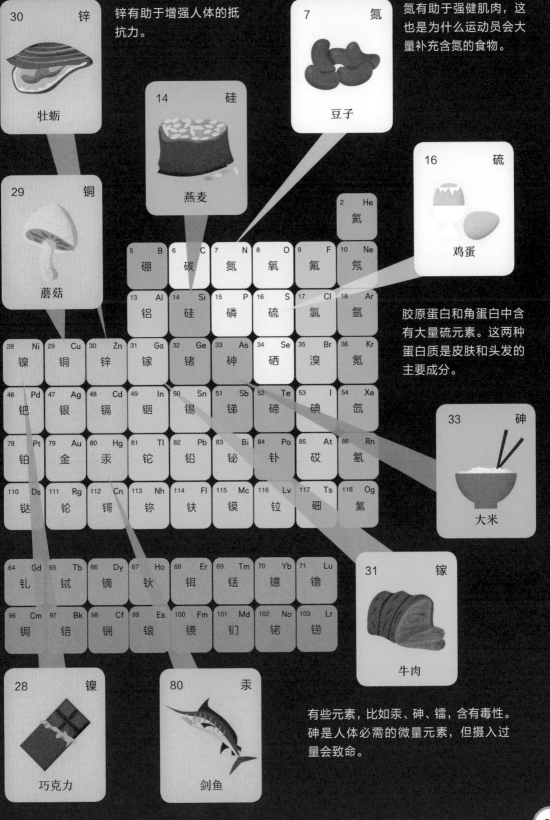

30 锌　锌有助于增强人体的抵抗力。

牡蛎

7 氮　氮有助于强健肌肉，这也是为什么运动员会大量补充含氮的食物。

豆子

14 硅

燕麦

16 硫

鸡蛋

29 铜

蘑菇

胶原蛋白和角蛋白中含有大量硫元素。这两种蛋白质是皮肤和头发的主要成分。

| 2 He 氦 |
5 B 硼	6 C 碳	7 N 氮	8 O 氧	9 F 氟	10 Ne 氖
13 Al 铝	14 Si 硅	15 P 磷	16 S 硫	17 Cl 氯	18 Ar 氩
28 Ni 镍	29 Cu 铜	30 Zn 锌	31 Ga 镓	32 Ge 锗	33 As 砷	34 Se 硒	35 Br 溴	36 Kr 氪
46 Pd 钯	47 Ag 银	48 Cd 镉	49 In 铟	50 Sn 锡	51 Sb 锑	52 Te 碲	53 I 碘	54 Xe 氙
78 Pt 铂	79 Au 金	80 Hg 汞	81 Tl 铊	82 Pb 铅	83 Bi 铋	84 Po 钋	85 At 砹	86 Rn 氡
110 Ds 𫟼	111 Rg 轮	112 Cn 鿔	113 Nh 鿭	114 Fl 铁	115 Mc 镆	116 Lv 𫟷	117 Ts 鿬	118 Og 鿫

| 64 Gd 钆 | 65 Tb 铽 | 66 Dy 镝 | 67 Ho 钬 | 68 Er 铒 | 69 Tm 铥 | 70 Yb 镱 | 71 Lu 镥 |
| 96 Cm 锔 | 97 Bk 锫 | 98 Cf 锎 | 99 Es 锿 | 100 Fm 镄 | 101 Md 钔 | 102 No 锘 | 103 Lr 铹 |

33 砷

大米

31 镓

牛肉

28 镍

巧克力

80 汞

剑鱼

有些元素，比如汞、砷、镭，含有毒性。砷是人体必需的微量元素，但摄入过量会致命。

23 饼干的能量，

比等重的炸药的能量还多。

食物中所含的能量可以用卡路里来表示，也可以用能量的通用单位千焦来表示。吃东西时，食物中的卡路里会被人体吸收，并转化成人类思考、运动，以及生存所需的能量。

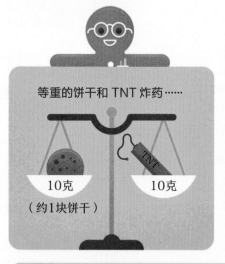

等重的饼干和 TNT 炸药……

10克
（约1块饼干）

10克

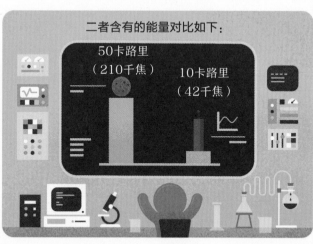

二者含有的能量对比如下：

50卡路里
（210千焦）

10卡路里
（42千焦）

饼干和其他食物的能量是分散释放，逐渐被人体吸收的。

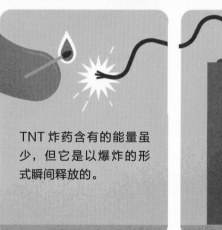

TNT 炸药含有的能量虽少，但它是以爆炸的形式瞬间释放的。

TNT

砰！

正是食物中的卡路里给我提供了能量，让我可以快速跑开。

24 两种危险的元素结合在一起，

制造出了全世界人们都离不开的调味品。

钠和氯对人体至关重要，但它们本身是非常危险的元素，不能直接摄入。不过，将钠和氯结合在一起，可以产生一种无害的化合物——氯化钠（食盐的主要成分）。

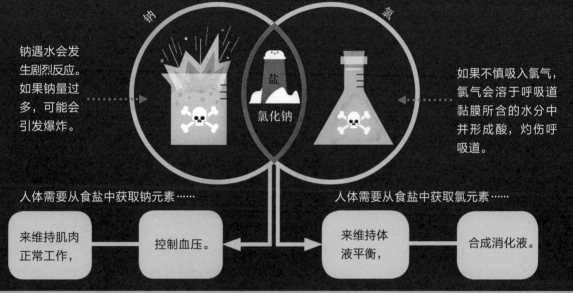

钠

氯

盐

氯化钠

钠遇水会发生剧烈反应。如果钠量过多，可能会引发爆炸。

如果不慎吸入氯气，氯气会溶于呼吸道黏膜所含的水分中并形成酸，灼伤呼吸道。

人体需要从食盐中获取钠元素……

人体需要从食盐中获取氯元素……

来维持肌肉正常工作，

控制血压。

来维持体液平衡，

合成消化液。

25 菠萝……

能使手指指纹变得不明显。

菠萝中含有一种叫作菠萝蛋白酶的物质。科学家发现，经常接触新鲜菠萝的人，他们的手指指纹会变得不明显。这意味着如果这些人是罪犯的话，在犯罪现场很难留下指纹罪证。

菠萝蛋白酶是一种能消化蛋白质的酶。如果长期接触，皮肤中的蛋白质会被其吞噬，指纹就会消失。

菠萝吃多了会感到舌头发麻刺痛，这也是因为菠萝蛋白酶。它可以分解口腔黏膜和舌头表面的蛋白质。

26 胡萝卜原本是紫色的，

直到荷兰人将它改良成了橙色。

一开始，胡萝卜并不是我们今天看到的橙色。野生胡萝卜颜色发白，个头儿小，味道苦。很长一段时间内，农民种植的是小小的紫色胡萝卜。

跟着白色箭头，来了解一下几个世纪以来胡萝卜的变化吧！

⚪ 被选中的胡萝卜

⚫ 未被选中的胡萝卜

4,000 年前，在古希腊，野生胡萝卜主要被用作药材，而非食材。野生胡萝卜颜色发白，味道发苦，口感像木头一样。

但并不是所有胡萝卜都长一个样。同一株胡萝卜结出的种子，其形状和大小也会不同。

后来，人们开始将胡萝卜当作食物，于是挑选出长得最大、味道最好的胡萝卜结出的种子来种植。

不同的种子会长出不同样子的胡萝卜。

其中有些胡萝卜是紫色的。这种胡萝卜吃起来味道没那么苦，口感也不像木头。

于是，农民开始采摘并食用紫色胡萝卜。

他们还挑出个头儿大、形状好的紫色胡萝卜结出的种子来种植。

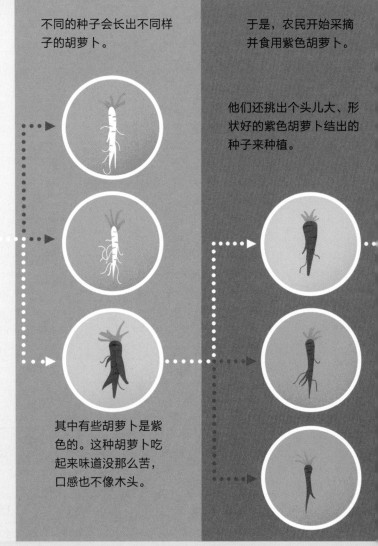

通过改变植物或动物的化学成分来改变其形态称为遗传改良。几千年来，无论是有意还是无意，农民们一直都在这样做。

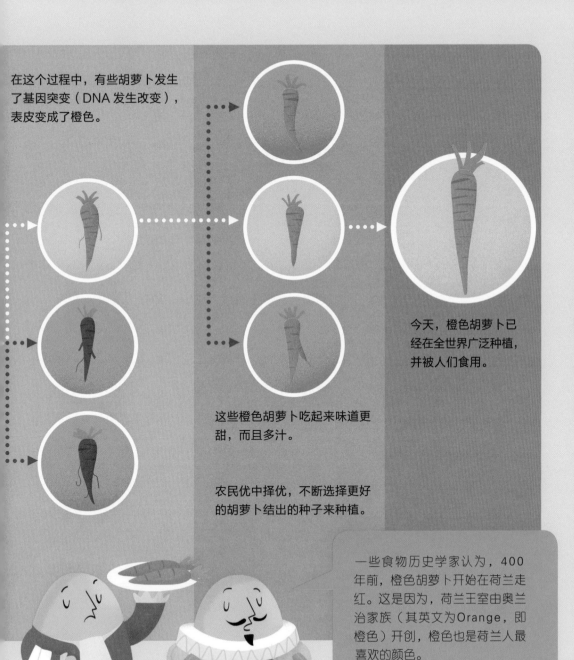

在这个过程中，有些胡萝卜发生了基因突变（DNA 发生改变），表皮变成了橙色。

今天，橙色胡萝卜已经在全世界广泛种植，并被人们食用。

这些橙色胡萝卜吃起来味道更甜，而且多汁。

农民优中择优，不断选择更好的胡萝卜结出的种子来种植。

一些食物历史学家认为，400年前，橙色胡萝卜开始在荷兰走红。这是因为，荷兰王室由奥兰治家族（其英文为Orange，即橙色）开创，橙色也是荷兰人最喜欢的颜色。

27 柑橘类水果……

帮助英国水手战胜了可怕的疾病。

几个世纪以来，坏血病（维生素C缺乏症）是一种令水手们恐惧的致命疾病。人们一直不知道是什么原因引起了这种疾病，但后来发现吃柑橘类的水果似乎可以有效预防。科学家们花了150年的时间才终于弄清楚其中的原因。

坏血病的症状

- 牙龈肿痛
- 关节疼痛
- 呼吸急促
- 皮肤易出现淤血
- 黄疸（皮肤发黄）
- 四肢浮肿

16世纪早期

航海家注意到，吃柑橘类水果有助于预防坏血病。

1747年

詹姆斯·林德医生进行了人类历史上首次对照实验。实验表明，吃柑橘类水果确实对于预防坏血病有帮助。

18世纪晚期

为了弄清楚预防坏血病的最佳食物，水手们的饮食在这一时期变得丰富多样起来。有位船长为船员们安排了新鲜蔬菜和大麦，他们误将大麦当成了功臣。

19世纪早期

英国皇家海军开始让船上的士兵们吃柠檬，之后，坏血病就基本在船员之间消失了。

直到 19 世纪后期，还有很多科学家坚持认为，只要在长时间的航行中注意个人卫生，加强身体锻炼，保持心情愉悦，就能预防坏血病。

1860年

英国皇家海军认为坏血病的克星是酸，于是把柠檬换成了酸橙。因为酸橙比柠檬还酸。

1875年

在极地探险的队员常常喝储存的酸橙汁，但还是患上了坏血病。这件事证明，水果中的酸对预防坏血病并没有什么作用。

20世纪30年代

匈牙利化学家艾伯特·冯森特-乔尔吉成功地从柠檬中分离出一种物质，将其命名为抗坏血酸，即维生素C。他证明了新鲜的柠檬和酸橙中含有维生素C，这才是预防坏血病的有效成分。

20世纪30年代

科学家们首次人工合成了维生素 C，让那些不易获取新鲜水果的人可以借此补充维生素 C。

28 如果鸡会飞,

鸡胸肉就会变成红色的。

运动时肌肉需要源源不断的氧气。为肌肉运输并储存氧气的是一种叫作肌红蛋白的蛋白质。当肌红蛋白与氧气结合时会变成鲜红色,所以运动量越大,肌红蛋白越多,肌肉的颜色就越红。

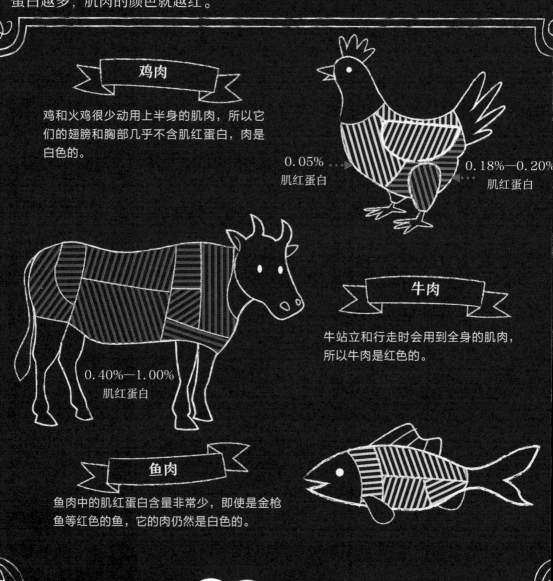

鸡肉

鸡和火鸡很少动用上半身的肌肉,所以它们的翅膀和胸部几乎不含肌红蛋白,肉是白色的。

0.05% ⋯⋯
肌红蛋白

0.18%—0.20%
肌红蛋白

0.40%—1.00%
肌红蛋白

牛肉

牛站立和行走时会用到全身的肌肉,所以牛肉是红色的。

鱼肉

鱼肉中的肌红蛋白含量非常少,即使是金枪鱼等红色的鱼,它的肉仍然是白色的。

人类日常生活中身体活动较多,所以肌肉中含有大量的肌红蛋白,肌肉的颜色也是红色的。

29 在超市里售卖的汉堡包，

有可能是在实验室里"种"出来的。

2013 年，荷兰的科学家在实验室中种出了世界上第一个牛肉汉堡包。这个汉堡包叫作"弗兰肯汉堡包"，里面夹的牛肉饼是用动物细胞培育的。

① 科学家从牛的肌肉组织中提取了一些细胞。

② 然后将细胞放入营养液中培育。六周后……

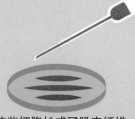

这些细胞长成了肌肉纤维。

③ 科学家将 20,000 多条肌肉纤维切碎，搅拌后做成了牛肉饼。

这个在实验室"种"出来的汉堡包所花的费用比买一个汉堡包贵20,000倍。不过随着技术的发展，制作成本应该会大大降低。

在实验室"种"出来的肉听起来让人很没有食欲，但和传统养殖场里动物的肉相比，具有更多优点：

- 对环境的消极影响小
- 不会对动物造成伤害
- 脂肪含量低
- 没有骨头
- 无杀虫剂或催长素等物质残留

30 不同食物……

有不同的烹饪方式。

在烹调过程中，食物的化学结构、味道、口感和外观都会发生变化，而且这些变化大多是不可逆的，在化学中这被称为不可逆反应。

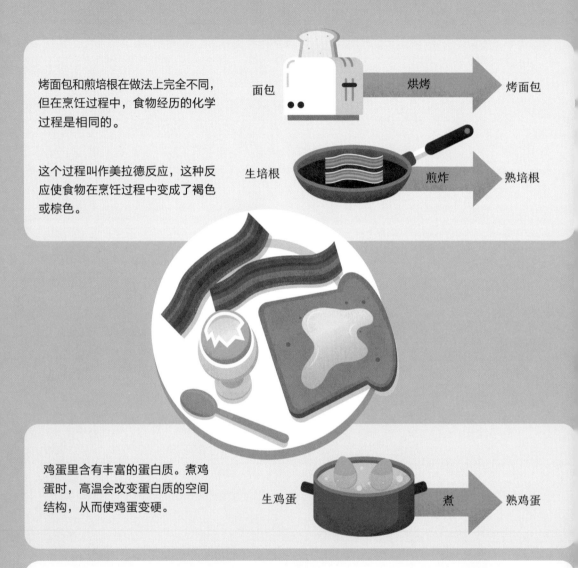

烤面包和煎培根在做法上完全不同，但在烹饪过程中，食物经历的化学过程是相同的。

这个过程叫作美拉德反应，这种反应使食物在烹饪过程中变成了褐色或棕色。

面包 —烘烤→ 烤面包

生培根 —煎炸→ 熟培根

鸡蛋里含有丰富的蛋白质。煮鸡蛋时，高温会改变蛋白质的空间结构，从而使鸡蛋变硬。

生鸡蛋 —煮→ 熟鸡蛋

抹在面包上的黄油，在加热过程中发生的反应是可逆的。

如果你将黄油从面包片上刮下来，放置冷却，黄油就会重新凝固。这是因为它的化学结构没有改变。

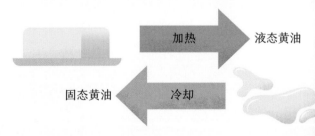

固态黄油 ←加热→ 液态黄油

←冷却

31 豆子吃多了……

容易放屁。

豆子吃多了容易放屁，这是因为豆子中含有一种人体难以消化的碳水化合物。肠道内的细菌在分解这种碳水化合物的过程中会产生很多气体。

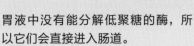豆子中含有一种叫作低聚糖的复杂碳水化合物。低聚糖由多个糖分子连接而成。

胃液中没有能分解低聚糖的酶，所以它们会直接进入肠道。

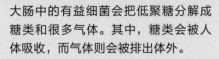大肠中的有益细菌会把低聚糖分解成糖类和很多气体。其中，糖类会被人体吸收，而气体则会被排出体外。

有时，这些气体中含有硫化氢，闻起来就像臭鸡蛋。

放屁是正常的，一个人平均每天放屁的次数为 5—10 次。

意大利面。

意大利面是由面粉和水揉成的面团做成的，差不多有一百多种形状。每种形状的意大利面都有相应搭配的酱汁，而且它们还有独立的名字，一般是根据形状来命名的。

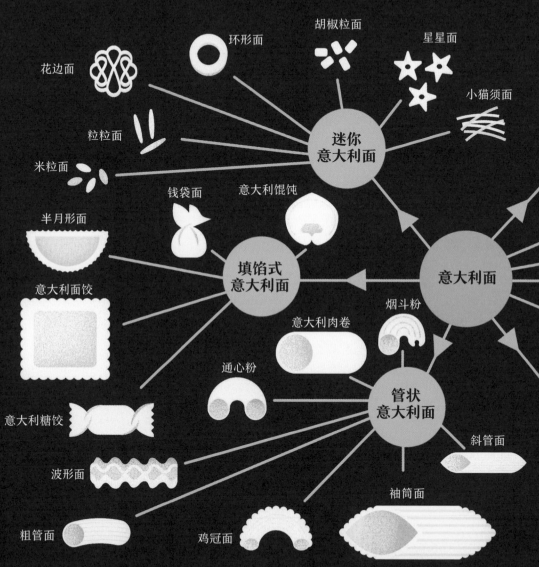

意大利面的形状决定了它更适合搭配哪种酱汁。

山脊状：适合搭配番茄汁，可吸附在上面

螺旋面：适合搭配香蒜酱，可填满缝隙

贝壳形意大利面：适合搭配奶油汁

管状意大利面：适合搭配浓稠的肉酱

细意大利面：适合搭配油酱

迷你意大利面：适合搭配沙拉和汤

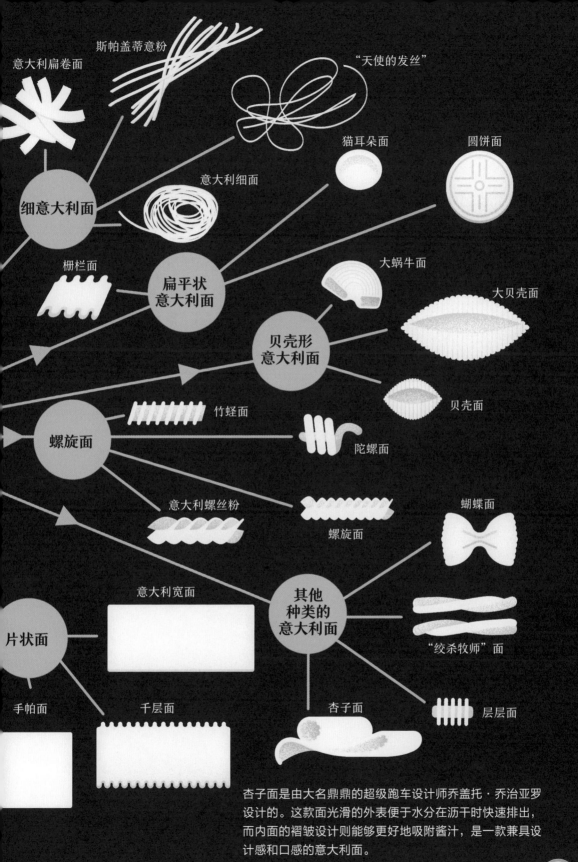

意大利扁卷面

斯帕盖蒂意粉

"天使的发丝"

猫耳朵面

圆饼面

意大利细面

细意大利面

栅栏面

扁平状
意大利面

大蜗牛面

大贝壳面

贝壳形
意大利面

竹蛏面

陀螺面

贝壳面

螺旋面

意大利螺丝粉

蝴蝶面

螺旋面

意大利宽面

其他
种类的
意大利面

片状面

"绞杀牧师"面

手帕面

千层面

杏子面

层层面

杏子面是由大名鼎鼎的超级跑车设计师乔盖托·乔治亚罗设计的。这款面光滑的外表便于水分在沥干时快速排出，而内面的褶皱设计则能够更好地吸附酱汁，是一款兼具设计感和口感的意大利面。

33 完美的苹果是……

嫁接出来的。

种植苹果的果农们一直在尝试培育出更加美味的苹果。他们不断挑选果实好的树枝，然后将其接到另一棵苹果树上，以此来改善苹果的品种。这种方式叫作嫁接。

左边这棵苹果树结出的果实味道好，不过它的根系比较脆弱，容易生病。

右边这棵苹果树的根系发达，抗病能力强，但是结出的果实味道不好。

于是，果农截取了左边苹果树的一段树枝（又叫作接穗）……

将它削成楔形后接在右边抗病能力强的苹果树的树桩（又叫作砧木）上，并用绳子或胶带将它们固定好。

接穗和砧木愈合后，就会逐渐长成一棵新的苹果树。

最开始，地球上只有一种苹果。

但是通过果农不断地嫁接，现在已经培育出了 7,000 多种苹果。

34 精品瓜的价值……

可以超过 10 万元人民币。

在日本，有些水果的价格高昂，可以当作奢侈礼品来赠送，所以农民们常常花费很多时间和精力来培育精品水果。

在拍卖会上，能买到当季第一批水果的人被视为幸运儿。这些水果往往也价格不菲。

T形柄可用作装饰

黑皮西瓜

罕见的黑色外皮曾卖出 65 万日元的高（你可以查一下这相当多少人民币哟！）

出价

夕张"金瓜"

- 这是一种产于日本夕张市的蜜瓜，生长于特殊设计的大棚中
- 高档的"金瓜"，外表圆润光滑
- 2008 年，有一对"金瓜"售价高达 250 万日元

出价

红宝石罗马葡萄

- 每颗葡萄的大小和乒乓球一样大
- 一串红宝石罗马葡萄曾卖到 100 万日元

35 西瓜竟然有……

方形的。

方形西瓜是为了便于放进冰箱储存而设计的。在西瓜上套一个方形的玻璃盒，随着西瓜不断长大套用不同规格的方形玻璃盒，最后就将西瓜塑造成方形的了。

方形西瓜最早在日本培育。由于当地的房屋面积较小，冰箱一般不太大，方形西瓜更能节省储存空间。

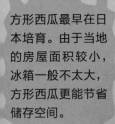

36 红色的食物……

会让人产生食欲。

许多餐厅和食品公司常常选用红色的商标或包装来吸引顾客，认为这样可以刺激人的食欲。心理学家给出了以下三种解释——

红色通常意味着警示或危险，人看到后会触发生理反应。这使得人体的新陈代谢加速，比如加快能量消耗的速度，让人产生饥饿感。

人们被红色的食物吸引，还在于红色会让人想起成熟的果实。

人们把红色和食欲联系在一起，主要是被社会文化所引导的，因为生活中很多食品商标是红色的。

看看本页的红色食物，它们会让你产生饥饿感吗？会让你觉得它们十分香甜吗？上面三种观点你更赞同哪一种？

会让人觉得水喝起来更冰爽。

心理学家发现，影响食物口感的因素有很多，比如餐具的颜色、餐具的材质等。

与红色的玻璃杯相比，蓝色和绿色的玻璃杯会使饮品看起来更冰爽、解渴。

吃奶酪时，用刀具就要比用牙签吃起来咸。

在品尝食物前，大脑会根据以往的经验来判断食物的味道，这会影响食物实际的味道。

喝酸奶时，用塑料勺子就要比用金属勺子喝起来润滑。

草莓蛋糕放在白色盘子里要比放在黑色盘子里诱人。

你可以和朋友做个小实验。分别用金属勺子和塑料勺子舀一勺酸奶让他品尝，然后问他哪个味道、口感更好。（实验前不要告诉朋友两勺酸奶是一样的哟！）

远古时期人类的饮食情况。

考古学家可以通过研究牙齿残骸来了解古人的饮食习惯和状况，比如过去的人吃什么，是怎样吃的等。

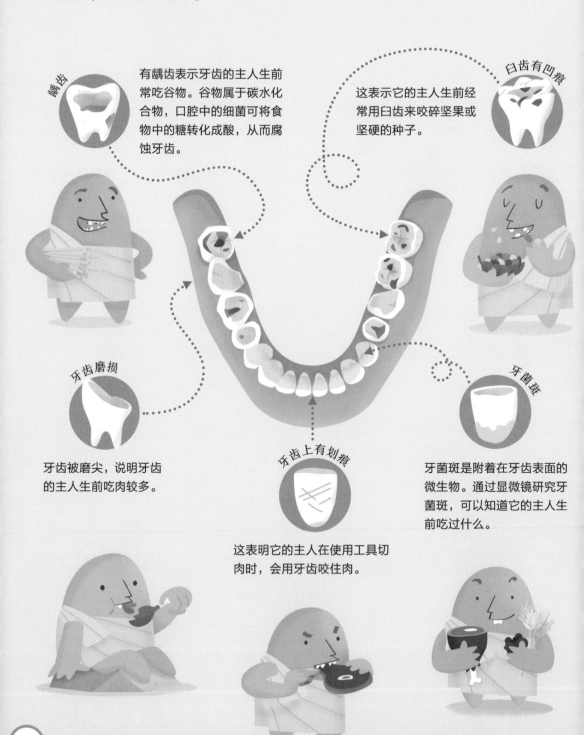

龋齿

有龋齿表示牙齿的主人生前常吃谷物。谷物属于碳水化合物，口腔中的细菌可将食物中的糖转化成酸，从而腐蚀牙齿。

臼齿有凹痕

这表示它的主人生前经常用臼齿来咬碎坚果或坚硬的种子。

牙齿磨损

牙齿被磨尖，说明牙齿的主人生前吃肉较多。

牙齿上有划痕

这表明它的主人在使用工具切肉时，会用牙齿咬住肉。

牙菌斑

牙菌斑是附着在牙齿表面的微生物。通过显微镜研究牙菌斑，可以知道它的主人生前吃过什么。

39 在 1576 年,

狗是必不可少的厨房用具。

伊丽莎白一世女王在位时,英国的厨师对明火烤肉很有研究。为了在晚餐时奉上喷香的烤肉,厨师会使用一种特殊的厨房用具——训练健壮的、身长腿短的狗来为他们转动烤肉叉。

狗持续不断地跑动,烤肉叉也跟着转动,这样可以保证叉上的肉均匀受热,为此需要两只狗轮流不间断地工作。

莎士比亚在一个剧本中曾提到过这种"转叉狗"。1576 年,英国出版了一本专门介绍各种狗的图书,其中特别讲解了"转叉狗"。

"转叉狗"在英国人的厨房里辛苦劳作了几百年,直到人们发明了机械叉,它们才退出历史舞台。

"转叉狗"每天要工作很长时间,一周只能休息一天。周日,人们还会带它们参加一些活动,当暖脚器使用。

40 番茄酱……

既像固体，又像液体。

番茄酱是一种奇怪的物质。当我们拿着瓶装番茄酱，取下瓶盖后往下倒，它并不容易倒出来。摇晃几下后再倒，番茄酱就像水一样非常容易喷涌而出。

番茄酱是用水、糖、醋、西红柿、增稠剂和一些调料做成的。它是一种叫作非牛顿流体的物质。

非牛顿流体

非牛顿流体则不同，既有固体的性质，也有液体的性质。
准确地说，它们的运动状态取决于受力大小、受力方式和受力时长的影响。

牛顿流体

牛顿流体是我们日常生活中常见的液体，流动时顺滑、规则。

下面这些都属于非牛顿流体哟！

树脂流动时顺滑流畅，但如果突然打击它，它就会像玻璃一样碎成小块。

岩浆

油漆

血液

流沙

花生酱

牙膏

树脂

番茄酱具有一种叫作剪切稀化的特性，也就是说摇晃或者搅拌番茄酱，可以使它变稀。

一般情况下，适度摇晃瓶装番茄酱，番茄酱并不会从瓶子里喷涌出来。如果你想把番茄酱变得像水一样顺畅流动，可以采用右边的两种方法。

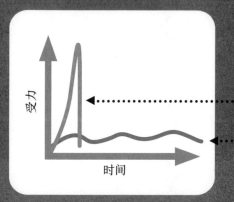

1

快速、猛烈地击打瓶底，可以使番茄酱瞬间变稀 1,000 倍。

2

缓慢、长时间地摇晃瓶子，也能使番茄酱慢慢变稀。

番茄酱的运动状态变幻莫测，即使是超级计算机也无法准确描绘出它流动的规则。

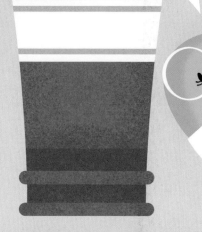

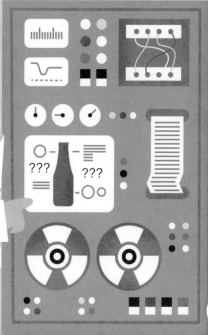

41 长满臭虫的饼干……

曾是水手赖以生存的食物。

几百年来，在漫长的海上航行中，水手们主要靠定量供应的饼干果腹。这些饼干硬如石块，而且里面可能还有虫子，但它有一个优点，那就是保质期相当长，五六年都不会变质。

"美人鱼号"
货船上的饼干

配料：面粉、水
这些饼干经过了多次烘焙，所以又硬又干。
几个月后，存放饼干的桶内会钻进象鼻虫、它的幼虫以及其他昆虫的幼虫。

这种饼干一般被叫作压缩饼干，但水手们也有自己的叫法，比如锉牙器、碎牙机、铁皮饼、臭虫城堡等。

有时，水手们会把饼干泡在咖啡里，让它们变得软一些。

这样做还有一个好处，可以把虫子浸泡出来，然后将它们过滤出去。

42 榴莲在一些地方……

被禁止带上公共交通工具。

榴莲主要产于新加坡和马来西亚，是一种长得像西瓜一样大，浑身布满尖刺的水果。由于榴莲带有一股刺鼻的气味，一些国家禁止人们乘坐公共交通工具时携带或食用榴莲。榴莲虽然闻起来味道刺鼻，但吃起来却美味可口。

榴莲的气味有多大呢？在热带雨林，动物们在 800 米外都能闻到。

有人认为榴莲的气味就像下面这些东西——

下水道

臭袜子

烂洋葱

臭鸡蛋

腐肉

香蕉的气味主要是由一种叫作乙酸异戊酯的化学物质产生的。

榴莲的气味则由近 50 种化学物质形成，而且其中 4 种只存在于榴莲中。

43 一间食物储存充足的厨房……

相当于一个急救箱。

科学研究表明，我们日常吃的很多食物具有药用功能，但是在自行治疗前，还是应该咨询一下医生！

辣椒

具有止痛作用。

将其敷在疼痛处即可。

有效化学成分：辣椒素。

姜

具有止吐和缓解胃痛的作用。

直接食用或熬成汤饮用，可以缓解胃痛，调理肠胃。

有效化学成分：姜辣素。

橄榄油

可缓解耳朵疼痛

朝耳朵中滴几滴，可以缓解疼痛，防止细菌感染。

薄荷

可以舒缓皮肤晒伤。

将薄荷捣碎后敷在晒伤处，可以缓解灼痛感。

有效化学成分：薄荷脑。

蒜

预防疾病。
吃大蒜可以杀死体内的一些有害细菌和真菌。
有效化学成分：大蒜素。

蜂蜜

有助于伤口愈合。

将蜂蜜涂在伤口处，可以杀菌消炎，促进伤口愈合。

44 蓝纹奶酪……

可以用来给伤口消炎。

蓝纹奶酪之所以具有浓烈的独特风味，是因为里面加入了一种霉菌——青霉菌。我们熟知的抗生素——青霉素，就是从青霉菌中提取出来的，可以用来消炎杀菌、治疗感染。

1,000多年前

蓝纹奶酪是偶然被制造出来的。一些储存在潮湿洞穴和地窖中的奶酪由于过度发酵而长出了青霉菌。

法国的牧羊人发现，将蓝纹奶酪涂在伤口处，可以加速伤口愈合。

当然，那时他们还不知道其实是青霉素发挥了作用，消炎杀菌，防止伤口感染。

100年前

苏格兰生物学家亚历山大·弗莱明发现青霉菌中含有一种能杀菌的物质，弗莱明将其称为青霉素。自20世纪40年代起，青霉素便成为一种抗菌药物。

戈贡佐拉奶酪

罗克福奶酪

斯蒂尔顿奶酪

今天

虽然蓝纹奶酪中仍然含有青霉菌，但是它已经不再被当作药物使用了。

45 大型餐厅……

采用严格的军旅制度。

在欧洲，大型餐厅普遍采用一种严格的管理制度——厨房军旅制度。19世纪，法国著名厨师乔治·奥古斯特·埃斯科菲尔受到军队制度的启发，创建了这套制度。这套制度具有完整而严谨的指挥体系，并且高度专业化。

创建厨房军旅制度是为了精简大型餐厅的烹饪程序，直到今天，大多数顶级餐厅仍然采用这种制度。

行政主厨
厨房里的最高主管，负责整个厨房的管理，制作菜单，采购食材，训练厨师学徒，监督厨房卫生。

副主厨
行政主厨的副手，受命于行政主厨管理厨房。

烤炸师傅
专门负责制作烤、炸类食物。

煎烙师傅
负责在烤架上用炭火煎烙食物。

油炸师傅
负责制作油炸食物。

厨师等级（用不同颜色表示）

行政主厨
副主厨
各部门厨师
职业厨师
厨师助手
学徒

调味师
负责酱汁的调制和调料的管理。

海鲜师傅
负责烹制海鲜料理。

蔬菜师傅
负责烹调非主菜类菜肴，比如汤类、蛋类、沙拉类食物。

煮汤师傅
负责准备各种汤品。

素菜师傅
负责各种蔬菜类食物。

面点师傅
负责制作蛋糕、甜点。

冷盘师傅
负责管理食品储藏，准备、调理冷盘类食物。

跑单员
将前台侍者送来的顾客所点菜单交给厨房各厨师。

碗盘洗涤员
负责清洗所有锅碗瓢盆。

操作台
上菜前要在此将菜肴完美装盘。

服务员

顾客

46 关于司康饼……

吃法的争论（上）。

司康饼是一种英式面包。吃司康饼是英国人的传统，但对于怎么吃，他们曾吵翻了天。有些人认为正确的吃法是先在司康饼上涂一层厚厚的凝脂奶油，再抹上一层果酱。

○ **司康饼**：一种圆圆的、脆脆的小面包。

● **凝脂奶油**：一种浓稠、醇厚的高脂奶油。

● **果酱**：各种果酱都可以，最常搭配的是草莓酱。

俯视图

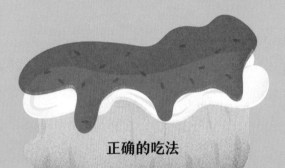

正确的吃法

英国人习惯在下午茶时间吃司康饼，他们还会搭配一些迷你三明治、小蛋糕和其他点心，当然也少不了茶。

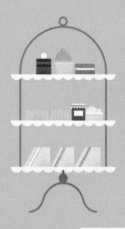

其中，司康饼是大家争论的焦点。关于应该先涂奶油，还是应该先涂果酱，英国人分成了两大阵营。

关于司康饼，还有一件有趣的事——司康饼（scone）中"one"的发音到底是和"own"相同，还是和"on"相同，英国人也争论不休。

46 关于司康饼……

吃法的争论（下）。

有些人认为，吃司康饼正确的方法是先在上面涂一层果酱，然后再抹上一层凝脂奶油。

● **司康饼：** 一种圆圆的、脆脆的小面包。

● **果酱：** 各种果酱都可以，最常搭配的是草莓酱。

● **凝脂奶油：** 一种浓稠、醇厚的高脂奶油。

俯视图

正确的吃法

其实，先涂果酱还是先涂奶油和地域有关。

比如英国德文郡的人认为应该先涂奶油后涂果酱，但他们的邻居康沃尔郡的人却认为应该先涂果酱，再涂奶油。

关于食物，还有很多有趣的争论。比如——

"尖头朝下"还是"圆头朝下"（放鸡蛋时，哪一头朝下更好）

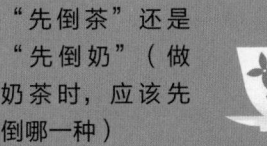

"先倒茶"还是"先倒奶"（做奶茶时，应该先倒哪一种）

47 橙子……

可不一定是橙色的。

生长在四季分明地区的橙子才会是橙色的表皮，而在热带地区，种植出来的橙子是绿色的表皮哟。

你发现了吗？所有橙子的果肉都是橙色的。但有些橙子的表皮一开始是绿色，后来就会慢慢变黄。绿色表皮是因为其中含有一种叫作叶绿素的物质。

天气变冷时，橙子表皮中的叶绿素会逐渐分解。失去叶绿素，橙子的表皮就会变成橙色。

而在热带地区，即便熟透了，橙子的表皮也不会变成橙色。

在美国气候炎热的地区，果农们会给绿色表皮的橙子喷上一些乙烯利（一种催熟剂），来分解橙子表皮中的叶绿素。

他们之所以这样做，是认为橙色的橙子更容易引起顾客的购买欲。

48 跟苹果或西红柿放在一起，

猕猴桃可以熟得更快。

苹果、西红柿和香蕉可以释放一种叫作乙烯的气体，这种气体能加快水果、蔬菜的成熟速度。这听起来似乎还不错，但小心你还没来得及吃，水果就已经腐坏掉了。

下面这些食物能释放乙烯。

下面这些食物对乙烯十分敏感。

香蕉

乙烯会在果蔬之间引发一连串的反应，使周围的果蔬变软变甜，最后导致提早腐烂。

苹果

鳄梨

西蓝花

猕猴桃

西红柿

杏

有些水果自身可以产生乙烯，同时又对乙烯非常敏感，比如香蕉。

所以，即使将一根香蕉单独放在密封袋中保存，它也会很快变熟。

49 有一种香料……

比黄金还要贵。

藏红花香料是用藏红花的花柱制成的，它是世界上最昂贵的香料。如果按重量来计算，藏红花香料甚至比黄金还要贵。下面介绍了藏红花香料如此昂贵的原因。

花柱

每个藏红花球茎只能开出

1

朵花。

每朵花上只有

3

根花柱。由于花柱十分纤细，只能手工采摘。

藏红花每年只开

1

次花。

藏红花的实际大小如图所示。

人们使用藏红花香料已经有

4,000

多年的历史了。

花柱晾干后会变小，大小只有原来的

20%。

这表示，农民种植

150

棵藏红花，才能制作出 1 克的藏红花香料。

1 克藏红花香料约

650 元，

而 1 克黄金的价格大概在

200—400 元。

50 一种味道……

可以用很多种方法调配出来。

调味师是利用不同的物质来调制新型味道的人。

调味师需要周游世界，从不同的动植物中提取化学物质。

他们会品尝各地美食，了解哪些调料可以搭配出最好的味道。

他们还会到偏远的地区探索，发现并带回新的调料。

回到实验室后，他们将不同的化学物质混合起来，模拟食物的味道，并不断加以改善。

后味有点重。

我来调一下吧！

每种口味，调味师有上千种方法调配出来。比如，有些食品公司生产出多达 2,000 种草莓口味的食物。

口香糖

碳酸饮料

糖果

冰激凌

奶昔

51 腌制、冷冻、加热，

曾是人们用来保鲜食物的方法。

食物会因为细菌等微生物的侵入而变质腐败，不过这一点是在科学发展到一定阶段人们才知道的。几千年来，不同地区的人们用自己的智慧不断探索保存食物的方法。

图中展示了食物保存方法的发展，来看看吧！

冷冻
（几乎和人类的历史一样悠久）

方法：生活在温带地区的人们发现，在寒冷的冬季肉类的保质期更长。
原理：低温环境会抑制细菌繁殖。

腌渍
（最早在古印度发现了有腌渍食品的记载）

方法：人们发现黄瓜等食物浸泡在盐水中不易变质。
原理：黄瓜浸泡在盐水中会生成酸性的液体，具有杀菌作用。

腌制
（最早在古希腊发现了有腌制食品的记载）

方法：将食盐搓揉进肉里可以防止其变质。
原理：细菌需要水分才能生存，盐会从肉中吸收水分，导致细菌无法生存。

巴氏灭菌法
（法国，19世纪50年代）

法国化学家路易斯·巴斯德通过实验证明细菌可以使食物腐败。因此，他发明了一种新的保鲜方法——巴氏灭菌法。
方法：将牛奶或酒加热到60—70℃后冷却，可以杀死其中大部分细菌。这种方法适用于发酵产品。
原理：这个温度可以杀死大部分细菌，又不会破坏牛奶或酒的味道及营养。

真空包装

（20 世纪 60 年代）

方法： 将食物密封在塑料袋中，并抽掉袋中的空气。

原理： 没有了空气，细菌就无法生存。

今天，超市里的食品采用了各种各样的技术来保持新鲜。

52 罐头发明 48 年之后，

人们才发明了开罐器。

1810 年，罐头类食品就被制作出来了，但直到 1858 年，开罐器才被发明出来。在这长长的几十年间，人们只好借助锤子或凿子来打开罐头。

53 据说，

最难吃的食物是一种烤丽蝇。

19世纪时，英国古生物学家威廉·巴克兰为自己制定了一项任务：品尝地球上每一种动物的味道，这项任务被称为动物食欲实验。

这个画廊展示了巴克兰吃过的一些动物。（小朋友们切勿模仿这样的实验哟！因为一些动物可能带有未知的剧毒，还有一些发展到今天已经成为濒危物种了。）

鼹鼠

昆虫

犀牛

老鼠

大象

鼠海豚

反吐丽蝇

巴克兰说，这种丽蝇是他吃过的最难吃的东西。

他还记录了一些烹饪的方法，比如烧烤反吐丽蝇、烘焙犀牛派等。

54 白蚁汉堡包……

在未来可能会代替牛肉汉堡包。

未来，昆虫可能会作为食物而被广泛养殖。因为昆虫富含蛋白质、脂肪和矿物质，并且养殖起来对环境的危害要小于养殖其他动物。

下面显示了不同种类的汉堡包中的蛋白质含量。（这些汉堡包都为 100 克。）

蟋蟀汉堡包　　牛肉汉堡包　　　　毛毛虫汉堡包　　白蚁汉堡包

13g　　　28g　　　32g　　　35g

将昆虫碾碎后就可以用来做汉堡包了。这里简单介绍了几种制作方法——

毛毛虫
先在盐水中煮沸，然后晒干。

蟋蟀
配上大蒜、酸橙汁和盐烧烤。

白蚁
晒干、熏制或者裹着芭蕉叶蒸。

约 30 亿杯茶。

每天，全世界的人要喝掉约 30 亿杯茶，几乎是咖啡的 3 倍。茶叶采自茶树，可以加工成不同品种的茶。人们饮茶的方式也多种多样。

茶类

绿茶

茶叶

从茶树上采集的嫩叶。

加工

将采下的叶子经过一道道复杂工艺才能做成我们日常饮用的茶叶。下面介绍了制茶的一些工艺——

杀青

揉捻

切细

干燥

发酵

初焙

复焙

摇青

陈化

压制

花熏

乌龙茶（也叫青茶）

红茶

普洱茶

上面介绍了四种茶，茶的种类是由茶叶的加工方法决定的。

茶一般用热水冲泡，也可以往里面添加点别的东西。
世界各地的人饮茶方式不尽相同，一起来看看吧！

糖
薄荷叶
茶

茶粉

日本

摩洛哥

茉莉花
茶

中国

烘焙过的大米
茶

日本

糖
牛奶
茶
木薯珍珠

中国

茶

中国

熏过的茶叶

茶

俄罗斯

香料
盐
牛奶
茶

巴基斯坦

糖
香料
牛奶
茶

印度

冰块
糖
茶

美国

牛奶
茶

英国和爱尔兰

茶

土耳其

盐
酥油
茶

中国

茶

中国

土耳其是人均喝茶最多的国家，其次是英国和爱尔兰。

我们的身体……

可以从食物中获取大量水分。

每天我们的身体都需要补充水分，喝水可以维持血液循环，促进消化，润滑关节。但其实，身体消耗的大部分水分来自我们吃的食物。

下面列举了一些常见食物和饮料的含水量——

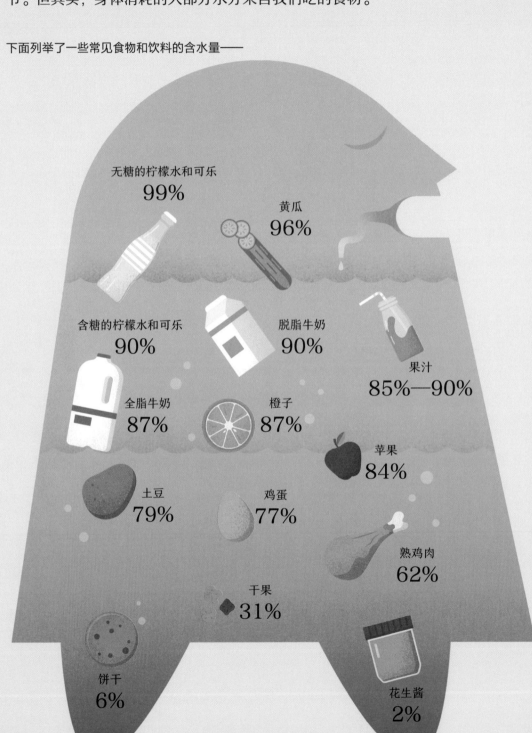

无糖的柠檬水和可乐
99%

黄瓜
96%

含糖的柠檬水和可乐
90%

脱脂牛奶
90%

果汁
85%—90%

全脂牛奶
87%

橙子
87%

苹果
84%

土豆
79%

鸡蛋
77%

熟鸡肉
62%

干果
31%

饼干
6%

花生酱
2%

57 蜂蜜可以……

长期保存不易变质。

考古学家曾在埃及的古墓中挖掘出几坛蜂蜜。这些蜂蜜距今已有几千年了，但丝毫没有变质，仍然可以食用。蜂蜜之所以可以保存这么久，是因为细菌无法在蜂蜜中生存。

蜂蜜具有抗菌能力主要在于以下三个特征。

蜂蜜的水分含量很少。缺少水，细菌就无法生存。

蜂蜜是酸性的。蜂蜜中含有葡萄糖酸，可以杀死细菌。

蜂蜜中含有少量的过氧化氢。过氧化氢是消毒剂的主要成分，具有杀菌功效。

58 花生酱吃进嘴里后……

会变得更黏稠。

吃东西的时候，我们的嘴巴会分泌唾液。唾液中99%是水，其余为酶。酶可以帮助消化食物。

花生酱

将花生酱吃进嘴里后，花生酱会吸收唾液中的水分，让口腔变得越来越干燥。

有些人患有花生酱恐惧症，因为他们难以忍受花生酱粘在牙齿和上腭上。

分泌唾液 ···▶
的腺体

59 制作蛋糕时，

可以用香蕉代替鸡蛋。

制作蛋糕的原料有面粉、糖、鸡蛋和油脂（食用油或者黄油），但并不一定要用这几种。有时你可以选用其他类似的东西替代，不过做好后蛋糕的味道可能就会有点不同了。

这里列出了一些替代品。如果你正好缺少做蛋糕的原料，可以用这些东西来替代哟！

面粉可以用来塑造蛋糕的形态。

面粉的替代品：
- 黑豆
- 燕麦
- 花生屑

糖让蛋糕吃起来甜甜的，也更软糯。

糖的替代品：
- 蜂蜜
- 糖浆
- 果泥

鸡蛋可以将各种原料黏合，并使蛋糕变得蓬松。

鸡蛋的替代品：
- 西梅干果泥
- 土豆泥
- 香蕉泥

油脂能使蛋糕的口感松软湿润。

油脂的替代品：
- 豆腐
- 鳄梨泥
- 原味酸奶

60 汽车的发动机……

能用来做饭。

做饭需要热量，但不一定要用烤箱、火炉等来烹饪。只要能给食物提供足够的热量，任何形式的热源都可以用来做饭。

热爱长途旅行或者探险的人大概已经知道，在开车前，用锡纸包住鱼或者其他肉，并放在发动机上，一个小时之后就能吃到熟的食物了。

这是因为在汽车行驶过程中，发动机会持续不断地发热增温将食物热熟。

过去，在蒸汽火车上工作的烧火工常常把鸡蛋或培根放在铁铲上，然后架在火上烤，就像使用煎锅一样。

核潜艇在行驶过程中，发动机的温度会非常高，船员们早就知道可以在它上面烤熟土豆了。

从可可豆到巧克力，

需要经过复杂的工序。

从收获可可豆到把它们制作成巧克力，这中间需要经过复杂的工序。
跟着下面这张图来看看巧克力是如何做出来的吧！

说明：
○ 起点/终点
◆ 过程
▢ 制作工艺

开始

可可树　可可豆荚

应该收获绿色豆荚还是橙色豆荚呢？

绿色豆荚是还未成熟的。

橙色豆荚才是成熟的，可以从里面取出可可豆。

将可可豆装箱，并在上面盖上香蕉叶，使其发酵3—8天以提升其口感。

需要翻动箱子中的可可豆吗，还是静静等待？

如果不翻动，可可发酵就会不均匀。

翻动可可豆几次，可以使它们均匀发酵。

发酵后，可可豆需要减少其酸味和苦味。但是应该快速干燥，缓慢干燥还是正常干燥呢？

如果干燥得太慢，可可豆可能会发霉。

选择一种不快不慢的方式最好。

如果干燥得过快，就无法减少可可豆的酸味和苦味。

在太阳下晒一周。

也可以用火来烘干。这种方法做出来的巧克力带有烟熏味。

将可可豆装入袋中。

将可可豆运送至巧克力加工厂。

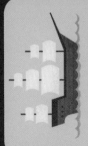

烘焙可可豆。烘焙时间越长，温度越高，做出来的巧克力味道越浓郁。

多高的温度呢？

100—150℃。

超过150℃，可可豆就被烤焦了。

用吹风机吹掉可可豆的外壳，留下可可仁。

将可可仁研磨成可可粉。

在其中混入糖、牛奶等配料。

用金属棒捶打浆液。这个过程是少于1天，还是得花1—3天呢？

少于1天，浆液里可能还会有团块。

捶打1—3天，浆液会变得细腻润滑。

接下来将浆液慢慢加热到多少度呢？

加热到45℃再冷却，得到的浆液光滑闪亮。

高于45℃再冷却，浆液会失去光泽，且口感粗糙。

将浆液倒入模具中。

冷却后就成了美味醇香的巧克力啦！

放射性。

因为土壤中含有钾、镭等具有放射性的元素，植物生长过程中不可避免会吸收一些，所以所有食物都具有轻微的放射性。

皮居里（Picocuries）是用来衡量辐射能的单位。
1 枚巴西坚果的放射性约为 30 皮居里。

要达到与巴西坚果相同的放射性，你大概需要吃下面这么多食物：

250
根胡萝卜
=30 皮居里

110
个土豆
=30 皮居里

275
根香蕉
=30 皮居里

一辆满载香蕉的货车的放射性足以触发港口的报警装置。在港口安装这类装置是为了防止核走私。

不过别担心，连续吃 1,000 多万根香蕉才可能导致人体辐射中毒。

63 猕猴桃……

不能用来做果冻。

有些新鲜水果可以用来做果冻，但有些却不可以，比如猕猴桃。这是因为制作果冻常常需要用到一种叫作明胶的物质，但像猕猴桃、菠萝、木瓜等新鲜水果中含有蛋白酶，蛋白酶的作用就像一把剪刀，会使明胶很难凝固。

明胶是胶原蛋白的混合物，加热时会发生凝固。这是因为蛋白质缠结在一起形成了网袋，圈住了水和其他成分。

当明胶凉下来后，蛋白质仍然缠结在一起，果冻就是这样形成的。

如果在明胶中加入猕猴桃，蛋白酶就会将明胶的胶原蛋白切成小片，使它们不能够缠结在一起形成半固体结构。

晃一晃

晃一晃

我们抱成了一团。

所以也就无法做成果冻了。

晃一晃

64 吃太多胡萝卜……

会让皮肤变黄。

胡萝卜之所以呈黄色主要是因为含有β-胡萝卜素。如果吃太多胡萝卜，β-胡萝卜素就会在血液中堆积，使皮肤暂时泛黄。（但是胡萝卜中还含有丰富的维生素，所以小朋友们也不可以不吃哟！）

这种状态叫作胡萝卜素沉着。

胡萝卜素沉着症在婴儿或低龄儿童中常见。

可能会引发心脏病。

辣椒之所以辣，是因为其中含有一种叫作辣椒素的物质。一次吃太多的辣椒，可能会导致休克。

辣椒的辣度一般用史高维尔（SHUs）这个单位来衡量。

15,000,000—16,000,000 SHUs
纯辣椒素：无色无味，有致命危险。

2,000,000—5,300,000 SHUs
胡椒粉喷雾剂：可以使眼睛暂时失明，通常被当作防身武器使用。

855,000—2,199,999 SHUs
断魂椒，也叫作印度鬼椒。

100,000—350,000 SHUs
哈瓦那辣椒

史高维尔辣度是测量干辣椒中的辣椒素，干辣椒要比新鲜辣椒更辣。

100,000—200,000 SHUs
苏格兰帽椒

如果不小心吃到很辣的辣椒，马上喝牛奶要比喝水更能解辣。这是因为牛奶中的脂类物质可以将辣椒素包裹住，而水不能。

30,000—50,000 SHUs
卡宴辣椒

2,500—5,000 SHUs
墨西哥胡椒

0 SHUs
甜椒：一点儿都不辣。

松鱼段干……

是日本料理的灵魂食材。

几百年来，日本的厨师经常使用一种食材——松鱼段干来给食物增加鲜味。松鱼段干是将鲣鱼经过长达一年的烘干、发酵等过程制成的。下面介绍了具体的步骤。

2

1 将鲣鱼切成适当大小的鱼块。（一般会分成四大块。）

将它们放进水中煮两个小时，然后拔除鱼刺。

3 交替进行烟熏和风干，这个处理过程大概需要一个月。

7 最后将其刨成薄片，用于煮汤，或者加在米饭、面条或比萨中。

4 在其表面刷上一种叫作灰绿曲霉的菌，然后再晾干。

霉菌发酵后会分解鱼肉中的脂肪和水分，使肉变得干燥易保存，并提升香味。**5**

重复以上步骤，直到肉变得又硬又干，像木柴一样。

6

带有剧毒。

牙买加的国果——西非荔枝果，如果在成熟前不小心被食用，就会引发致命的危险。不过，西非荔枝果也是牙买加人烹饪传统美食时不可缺少的食材。这里列举了一些有致命风险的食物，来看一看吧！

西非荔枝果

毒素： 次甘氨酸
存在于： 未成熟的西非荔枝果及其种子中
可导致： 牙买加呕吐病、昏迷、死亡

食用地： 牙买加
预防措施： 判断是否成熟——果实成熟后会自动打开，露出成熟的果肉。去除有毒的黑色种子，就可以放心食用了
代表美食： 西非荔枝果咸鱼饭

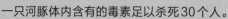

河豚

毒素： 河豚毒素
存在于： 河豚的肝脏、眼睛、肠道等器官中
可导致： 全身麻痹、瘫痪、死亡

食用地： 日本
预防措施： 接受过特殊培训并取得资格证的厨师可以根据河豚的种类，分离出河豚体内含有毒素的部分
代表美食： 河豚刺身

一只河豚体内含有的毒素足以杀死30个人。

由于毒性非常大，日本皇室曾经颁布禁令，禁止民众食用河豚。

腰果

毒素： 漆树酸
存在于： 未成熟的腰果的果壳中
可导致： 接触会刺激皮肤，有灼烧感，误食可能会致死

食用地： 全球
预防措施： 通过蒸煮可以去除毒素
代表美食： 腰果鸡丁

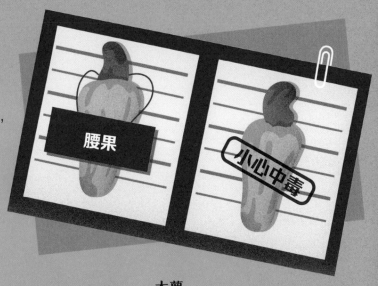

木薯

毒素： 氰化物
存在于： 生木薯或未经处理的木薯根
可导致： 眩晕、呕吐、神经损伤、全身麻痹、死亡

食用地： 非洲、亚洲、南美洲及加勒比地区
预防措施： 将木薯磨成粉，进行浸泡、干燥、发酵、蒸煮等处理后，就可以放心食用了
代表美食： 木薯布丁

大黄

毒素： 草酸
存在于： 大黄的叶子中
可导致： 发炎、关节痛、肾衰竭、死亡

食用地： 全球
预防措施： 摘掉叶子，只有茎可食用
代表美食： 大黄酥碎

68 米其林星级评审员,

他们的身份是严格保密的。

米其林星级是餐饮业全球闻名、历史悠久的饮食评分标准。星级的授予通常备受媒体关注和报道,但评出这些星级的评审员的身份却是严格保密的。

米其林星级评审员会不时匿名光顾餐厅,以确保其餐饮水平始终保持高标准。

餐厅中的每一位顾客都有可能是米其林星级评审员。

有些米其林餐厅的员工人数都跟来此消费的顾客一样多了。

食材必须保证新鲜。

米其林星级评审员从来不会透露星级称号被授予……

或是被取消的原因。

每次评审只能增加一颗星，最高为三颗星。

全世界的餐厅数量庞大，但到目前只有 100 多家餐厅被授予了米其林三星。

69 米其林星级标准……

最初诞生是为了卖车。

米其林星级标准是由一对经营汽车轮胎的法国兄弟创立的。1900 年，他们出版了一本小册子，里面详细记录了法国的道路、加油站和餐厅信息，方便人们驾车出行。

这本小册子中将餐厅进行了评分：

1 星——值得停车尝一尝

2 星——值得绕道前往品尝

3 星——值得驱车专程前往品尝

100 多年来，米其林星级已经成为全球优质餐厅及酒店的"评判官"。

70 一旦遇到致命病菌，

全球大部分的香蕉可能都会灭绝。

全球共有 1,000 多种香蕉，但只有一种——卡文迪什香蕉在全球范围内流通和售卖。卡文迪什香蕉的繁殖方式是无性繁殖，这意味着它们具有相同的基因。一旦遭遇难以抵抗的致命病菌，这个品种的香蕉可能将会灭绝。

卡文迪什香蕉属于无性繁殖，也就是说可以直接由母体的一部分形成新个体，所以所有该品种香蕉的基因都是相同的。

因为基因相同，一旦其中某棵香蕉树染上了严重的病菌，就会迅速蔓延……

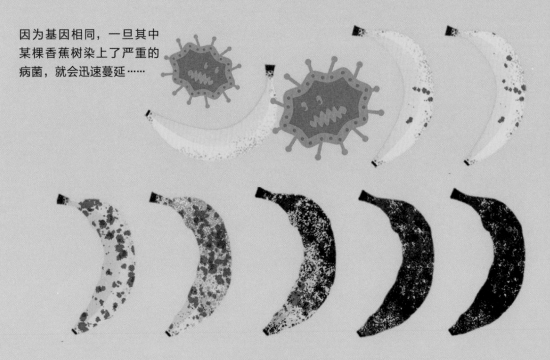

甚至导致该品种灭绝。

为了避免出现这一情况，科学家们正在积极培育新的香蕉品种。这种香蕉将具备味美、保鲜时间长、抗病毒能力强的特点。

71 一团面粉……

就能炸毁一个面包厂。

面粉是制作面包不可缺少的原料，而且具有强爆炸性。当面粉悬浮在空气中，并达到一定浓度时，一个微小的火花就能引起爆炸，甚至会炸毁整个面包厂。下面讲述了其中的原理。

① 面粉颗粒遇到明火会燃烧。

② 在氧气的支持下，周围的面粉颗粒也会被点燃。

③ 这会引起连锁反应，导致所有悬浮在空中的面粉颗粒全部被点燃。

④ 爆炸随即发生。

为什么面粉会爆炸？

面粉的主要成分是淀粉。淀粉是一种碳水化合物，由葡萄糖分子连接而成，极易燃烧。

葡萄糖分子

面粉颗粒十分微小，可以在空中四处悬浮，与氧气充分混合。一旦面粉颗粒在空气中达到一定浓度，遇到火星，瞬间就会燃烧起来，造成猛烈的爆炸。

72 厌恶一些食物……

可能是天生的。

DNA 塑造了一个人的容貌、肤色、体形，还可能决定了他对味道的感受力。
比如有的人对某种味道非常敏感，这就导致他们无法接受散发着这种味道的
食物。

全球约
40%
的人不喜欢吃松露。

松露和蘑菇一样是一种真菌。它散发着一种独特
的味道，这种味道来自雄烯酮（tóng）分子。很多
人对这种味道非常敏感，觉得闻起来有一股臭汗
味儿。

全球约
10%
的人不喜欢吃香菜。

有的人具有 OR6A2 型味觉感受
器，对醛类物质非常敏感。香菜
中含有醛类物质，对于这些人来
说，香菜吃起来就像肥皂。

全球约
50%
的人不喜欢吃西蓝花。

很多人具有 TAS2R38 型味觉感受器，这类人会觉
得豆芽和西蓝花吃起来是苦的。

在生活中，你可能会发现有些人讨厌其中某种
食物，或者这三种全部讨厌。

73 人们会利用母猪……

来寻找松露。

松露是一种可以食用的真菌，因为生长在地下，人们常依靠受过特殊训练的母猪来寻找。母猪可以闻到松露散发的气味，能够很轻松地发现松露的踪迹。

松露多长在橡树、松树、山毛榉和冷杉等树木的根部。

松露中有一种叫作雄烯酮的物质，它散发的气味和公猪身上的气味相同，可以吸引母猪。

在一些国家，人们会用狗代替母猪寻找松露。因为母猪非常喜欢吃松露，发现了可能就会直接吃掉。

松露

由于松露很难被发现，所以市场上售卖的价格十分高昂。2010 年，一个橄榄球大小的松露售价高达 30 多万美元。

74 美味的培根……

曾经救过人。

烤培根的气味特别诱人，警察曾经用它来引诱绑匪，以此解救被绑架的人质。

故事发生在一座大城市。一天清晨……

……犯罪是不会有好结果的。

别动！

我们动不了啊。

你已经被包围了，举手投降吧！

没门儿！只要你们敢闯进来，有人就得丢命。

我们先等一等。

警察

谈判专家

①

为什么烤培根闻起来这么香？

有些化学物质飘散在空气中时会被我们的鼻子捕捉到，它们属于芳香族化合物。

培根中含有糖和蛋白质（由氨基酸组成）。烹饪时，糖和氨基酸发生化学反应，产生了一系列芳香族化合物。这个过程叫作美拉德反应。

18 个小时后。

他现在一定又累又饿，我知道怎么把他引诱出来了。

培根

培根

哇——好香呀！

我们准备了一些早餐，要不要来一些？

好饿呀，我忍不了啦！

你们给我放在那里！

最后，谈判专家通过这个巧妙的策略帮助警方逮捕了绑匪。

2 培根中的脂肪和硝酸盐（这是添加在培根中用于防腐保鲜的物质）也会发生化学反应，产生更多的芳香族化合物。

3 这些不同种类的芳香族化合物之间也会发生反应，从而使培根散发出诱人的香味。

75 运动饮料……

可以为运动员提供能量。

在参加长跑比赛时，运动员会消耗大量的能量、水分和重要矿物质，因此在比赛途中常常会放置许多运动饮料，为运动员提供能量，帮助他们到达比赛终点。

长跑运动员在比赛中会消耗大量能量，如果得不到及时补充，他们将无法完成比赛。

失水过多会让运动员出现头疼、恶心、肌肉痉挛的症状。

好累啊——

比赛中大量出汗会让运动员的体温降低，同时流失很多电解质。

啊——我的小腿抽筋了！

76 航空餐中的橄榄……

价格高昂。

每天，将近有 1,000 万人乘坐飞机出行。为了保障旅客出行安全，享受到舒适的服务，同时控制成本，航空公司需要做出精细的规划。

4—5美元

这是一顿航空餐最高的预期成本。为了控制在这个范围内，航空公司需要提前一年制定菜单。

10个小时

这是一顿航空餐从制作到被加热后提供给乘客食用的平均间隔时间。

电解质会在血液中产生带电粒子。肌肉需要依靠这些带电粒子来维持正常工作。

我成功了！

运动饮料中含有水分、电解质和糖，能给运动员提供必要的能量，帮助他们跑完全程。

巡航高度约10,000米

由于高空的大气压非常低，所以航空餐需要先在低压环境中经过测试，以提前得知其口味。

咸甜度下降30%

在高空中，由于大气压力下降，乘客的嗅觉和味觉会变迟钝，因此航空餐也要做出改变以符合乘客的口感。

每年节约40,000美元

20世纪80年代，美国航空公司决定在给头等舱乘客提供的沙拉中减少一枚橄榄，这个措施为公司每年省了40,000美元。

77 有些植物之间……

是互利共生的。

几千年前，美洲原住民的主食是南瓜、玉米和豆角。三种作物在一起种植时长势最好，这种种植方式叫作混栽。直到今天，混栽方式仍然被用于小规模种植，以提升产量。

南瓜茎和叶上的刺有保护作用，可以让南瓜免遭浣熊啃食。

长得高高的玉米可以给豆角当架子，让豆角获得更多阳光。

豆角 ·······➤

玉米 ·······➤

南瓜

宽大的南瓜叶可以给土壤遮阴保湿。

根部吸收水分，有助于植物茁壮生长。

豆角根部寄生的微生物可以向周围土壤释放硝酸盐，以供玉米和南瓜生长。

硝酸盐

感染上一种真菌，

玉米反而更有营养。

玉米黑粉菌是一种会侵害玉米的灰色真菌，可引起玉米黑粉病。这是一种会阻碍玉米生长，甚至会吞噬玉米的疾病。但玉米黑粉菌又富含营养，能让玉米更有营养价值。

玉米黑粉菌中富含赖氨酸和β-葡聚糖。

赖氨酸
这是一种人体必需的氨基酸，有助于增强抵抗力，强化骨骼。

β-葡聚糖
这是一种可溶性膳食纤维，有助于降低人体内的胆固醇，从而降低患心脏病的风险。

玉米黑粉菌的味道介于蘑菇和玉米之间。

在全世界很多地方，人们会将感染了玉米黑粉菌的玉米扔掉。但是在墨西哥等国家，玉米黑粉菌却是一种有营养的美食，许多农民还会特意让玉米染上这种真菌。

79 不是所有地方生产的起泡酒……都叫作香槟。

很早以前，人们就知道食物的产地对其口味影响很大。比如，法国香槟生产区就是以生产优质的起泡葡萄酒而闻名。由于这里生产的葡萄酒口味独特，法国的法律规定，只有该地生产的起泡葡萄酒才可以叫作香槟。

酿酒师用任何地方的葡萄都能酿出起泡酒，但香槟之所以叫作香槟，是因为独特的自然条件孕育出了口味独特的葡萄。

香槟区 　 皮卡第大区

香槟

起泡酒

气候条件：
温度
降水量
年日照天数

为了传承饮食文化，保证食物的多样性，法国对数百种地方美食制定了专项法规进行保护。来看看这些特色美食吧——

盐沼羔羊肉
（索姆河地区）

黄油
（普瓦图-夏朗德大区）

罗克福奶酪
（苏宗尔河畔罗克福村）

蜂蜜
（科西嘉岛）

扁豆
（勒皮昂瓦莱）

薰衣草精油
（普罗旺斯）

地形条件：
地势陡峭或平坦
峡谷、山区或平原
向阳或背阳

土壤类型：
山石土、白垩土
肥力强、排水性好或
潮湿易涝

当地的种植方式和酿酒工艺：
修剪、灌溉和收获的时令
使用的工具和专业知识

80 东方美人……

是一种珍贵的乌龙茶。

东方美人是世界上最珍贵的乌龙茶之一。它的口味甘甜,有一股淡淡的柑橘香,这是因为在制作时选用的茶树叶都是被小虫子咬过的。

在中国台湾地区,每到夏天,有几周时间会有一种叫作小绿叶蝉的虫子来啃食茶树的嫩叶。

茶树

拉丁学名: *Camellia sinensis*

小绿叶蝉

拉丁学名: *Jacobiasca formosana*

被虫子啃食过的茶树叶会释放出一种叫作萜(tiē)烯的化合物。这种化合物有助于叶片恢复,还可以防止小绿叶蝉进一步啃食,并且能改变茶树叶的味道。

茶农只会采摘这些被啃食过的嫩叶,以确保做出来的茶叶味道独特,醇香浓郁。

茶花

81 烟熏鳗鱼和巧克力搭配，

能做出一道美味佳肴。

不同食物含有不同的化学物质，因此它们的口味各有特色。一些厨师认为，将不同的食物搭配在一起可以创造出新的可口菜品。

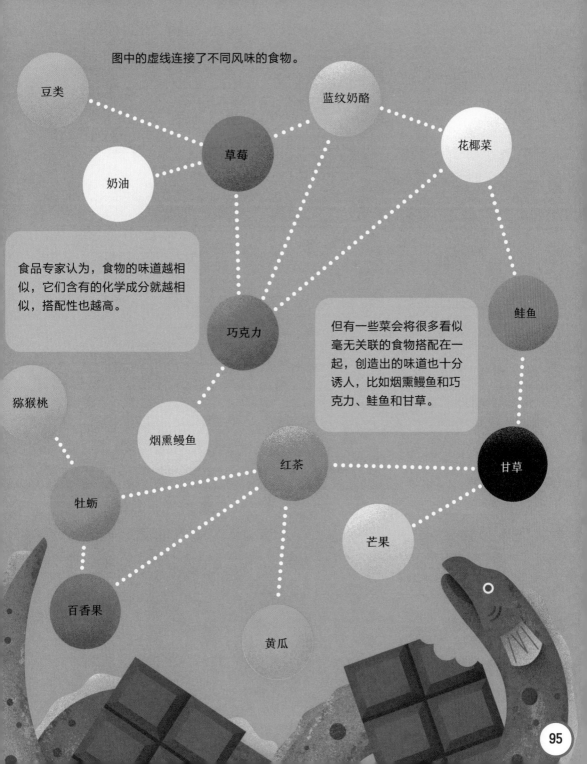

图中的虚线连接了不同风味的食物。

豆类

蓝纹奶酪

花椰菜

草莓

奶油

食品专家认为，食物的味道越相似，它们含有的化学成分就越相似，搭配性也越高。

鲑鱼

巧克力

但有一些菜会将很多看似毫无关联的食物搭配在一起，创造出的味道也十分诱人，比如烟熏鳗鱼和巧克力、鲑鱼和甘草。

猕猴桃

烟熏鳗鱼

红茶

甘草

牡蛎

芒果

百香果

黄瓜

82 在1492年以前，

世界上没有墨西哥卷饼这种食物。

今天我们厨房中的许多食材其实源自不同的大陆。1492年，欧洲探险家克里斯托弗·哥伦布发现了中美洲。从那时起，大量的船只横渡大西洋，不同地区的农作物得以交换传播，很多美食也因此诞生了。

墨西哥卷饼是墨西哥的一种传统美食，它的做法是用一张饼包裹住多种食材，而这些食材的原产地也不相同，分布在大西洋两岸。

- 原产地在欧洲和亚洲
- 原产地在美洲

甜椒和辣椒

墨西哥卷饼

在哥伦布到达中美洲之前，他从未见过西红柿、椒类和豆类食物。

西红柿和鳄梨

玉米和豆类

鸡、猪、牛

奶酪和酸奶油

哥伦布到来后，当地的原住民也第一次见到了许多新东西。

香菜、大米、酸橙

哥伦布发现新大陆后的几百年，不同大陆的动植物开始互相转移，这被称为"哥伦布大交换"。

牛奶

○ 意大利面	○ 面包	○ 可可豆及其他豆类
○ 番茄	○ 牛肉	○ 牛奶
○ 橄榄油	○ 番茄	○ 糖
○ 罗勒	○ 土豆	

世界各地的厨师把不同的食物搭配在一起，创造出很多我们今天品尝到的菜品。

番茄酱意大利面

汉堡包和薯条

热巧克力

83 在食物紧缺的时候，

土豆和木屑曾经发挥过大作用。

第二次世界大战期间（1939—1945年），向英国运输粮食的航路被封锁了，英国一度处于食物紧缺的状态。为了保证现有的食物公平分配，军队实行了定量配给制度，这表示每个人只能得到有限的食物。

为了保持士兵的斗志，领导者绞尽脑汁，尝试把不同种类的食材搭配在一起，制作出很多新菜品。比如——

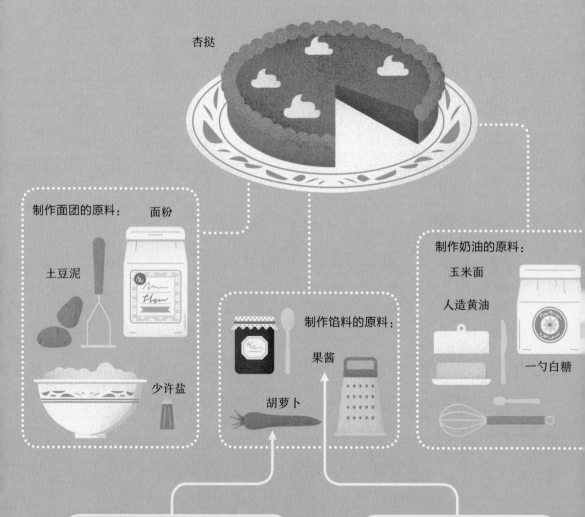

杏挞

制作面团的原料：

面粉

土豆泥

少许盐

制作馅料的原料：

果酱

胡萝卜

制作奶油的原料：

玉米面

人造黄油

一勺白糖

由于缺少白糖，人们就用胡萝卜代替棒棒糖给孩子们吃。当时还出现了一种用胡萝卜（carrot）和芜菁甘蓝（swede）制成的饮料——carrolade（由胡萝卜和芜菁甘蓝的英文合成的词）。

有时人们会在果酱里加入小木屑，假装是树莓籽，让果酱看起来是用很多浆果做成的。

84 用泥土做成的饼……

可能对健康有益。

土壤中含有多种对人体有益的物质，能够提高人体的免疫力，所以"吃土"也并非不可以，但前提是要用正确的方法吃。

先把土煮一煮，吃起来才安全。

自从我怀孕以来，就特别想吃土。听医生说，吃土有助于缓解孕妇的晨吐。

表层土不能吃，因为里面有很多寄生虫、农药和其他污染物。

下层土壤含有多种矿物质，比如——

镁　　钙　　铁　　铜

黏土

食用含有黏土的土壤，可以在肠道中形成一道屏障，防止毒素和病菌侵入。

白黏土

不过，吃太多土会引起便秘。受此启发，医生们曾尝试在抗腹泻的药物中加入白黏土，以治疗腹泻。

85 莳萝和留兰香，

这两种植物的分子结构互为镜像。

莳萝和留兰香是两种草本植物，虽然它们都含有一种化学物质——香芹酮，但是由于香芹酮的分子排列方式不同，所以味道迥然不同。

这两种植物中香芹酮的分子排列方式互为镜像，也就是说它们就像我们的左右手。

S-香芹酮

R-香芹酮

上图是 S-香芹酮的分子结构。当味觉感受器感受到这种味道，大脑就会判断出这是莳萝。

上图是 R-香芹酮的分子结构。当味觉感受器感受到这种味道，大脑就会判断出这是留兰香。

吃冰激凌可能会要命。

19 世纪，在伦敦等大城市，冰激凌是被装在玻璃杯里售卖的，顾客需要用舌头舔着吃。有的店员将杯子回收以后并不清洗，直接拿去装新的冰激凌。这种不卫生的做法最终导致了一种致命的肺部疾病的传播，即肺结核。

这种杯装冰激凌叫作"便士舔"，价格非常便宜。

0.5便士
1便士
2便士

1899 年

为了防止肺结核的传播，伦敦政府颁布禁令——

禁止销售"便士舔"。

装冰激凌的杯子被舔干净后，有的不经清洗便会再次使用。

肺结核可以通过唾液传播。

因此，销售者们开始寻找新的装冰激凌的方式。

各种可食用的杯装冰激凌便应运而生了。

1904 年

华夫锥横空出世后很快受到顾客的喜爱，于是成了冰激凌的标配。

87 抹香鲸的分泌物……

可以用来给冰激凌调味。

龙涎香用于制作冰激凌，最早可以追溯到 17 世纪 60 年代。这是一种稀有、名贵的蜡状物质，是抹香鲸的分泌物。龙涎香被排入大海后会慢慢地变硬，并散发出一股持久的香气。

将动物的分泌物用作食物原料可不止龙涎香这一种。

胭脂红酸

来源： 将一种生活在美国中部和南部的昆虫——胭脂虫碾碎。

用途： 给食物染上红色。

河狸香

来源： 河狸生殖器官附近一对梨状腺囊的分泌物。

用途： 给冰激凌等食物增添香味。

明胶

来源： 用动物的骨头和皮熬制而成。

用途： 用于制作果冻、慕斯和牛奶冻等甜品。

绵羊油

来源： 从绵羊毛中精炼出的油脂。

用途： 用来增加食物的光泽，也可以添加在口香糖中。

口香糖

虫胶

来源： 紫胶虫分泌的黏稠物质。

用途： 可以用来增加糖果的色泽，也可以涂在柑橘类水果的表面用来延长保质期。

冰激凌制作秘方 1660年

取适量的奶油，加入肉豆蔻、橙花水、龙涎香来调味……

88 蔬菜过了保质期……

会自溶。

保质期是指食物的安全使用期，或是食物处于良好状态的时间期限。过了保质期，食物就会变质，一旦食用甚至会造成生命危险，但引起食物变质的原因并不一样。

微生物腐败

细菌、酵母菌、霉菌等微生物会分解食物中的营养物质，使食物慢慢变质。

酵母菌会造成含糖量较高的食物腐败，比如水果。

细菌会使牛奶凝结成块。

面包中的水分很少，细菌无法生存，但很适合霉菌生长。

细菌能在变质的肉和鸡蛋中大量繁殖。

酸败

酸败是指食物中的油脂与空气等发生氧化反应，进一步分解产生腐臭味的现象。

自溶

富含酶的食物会出现自溶现象，即自身消化溶解。

高脂肪的食品，比如黄油和花生，容易产生酸败现象。酸败的食物味道比较难闻。

自溶会使水果、蔬菜的表皮腐烂，从而为细菌和霉菌敞开大门。

不需要土壤……

也能在太空种植西红柿。

在漫长的太空之旅中，种植一些蔬菜水果不失为宇航员消磨时间的好方法，但如何防止细碎的土壤在太空舱中四处飘散却是一个难题。为此，美国国家航空航天局正在尝试用水培法进行种植。水培法是指用营养液取代土壤来种植，目前在农业生产上已经有所应用。

下面是一个简化版的水培系统。

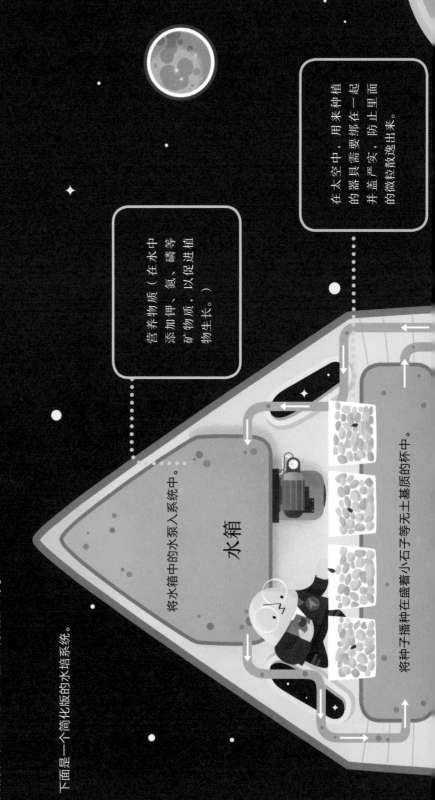

营养物质（在水中添加钾、氮、磷等矿物质，以促进植物生长。）

在太空中，用来种植的器具需要绑在一起并盖严实，防止里面的微粒散逸出来。

将水箱中的水泵入系统中。

水箱

将种子播种在盛着小石子等无土基质的杯中。

地球

与土壤栽培相比，水培法种植的作物的产量更高产。

- 营养液比较干净，使植物可以不受土壤中细菌的侵害，病虫害害明显减少。
- 相同大小的空间可以种植更多的作物。
- 作物一年四季都能生存，并且生长速度是土壤栽培的 2 倍。
- 用水量还可以减少 70%。

水在植物下方流动。

根系不断生长，伸进水中吸收营养物质。

这里的水还会回流到水箱中，不断循环，为植物补充营养物质。

但不能吃。

我们随时随地能看到各种食物图片，比如在杂志、广告牌和电视广告中。图片中的食物看上去十分诱人，但事实上大多数只是为了拍照而准备的，并不能吃。

长时间暴露在聚光灯下进行录制和拍摄，大部分食物将无法保持新鲜的状态。比如，冰激凌会融化，肉会变干，看起来不新鲜。

因此，一些食品造型师会利用各种材料和技术，把食物打造得新鲜又诱人，即使这样做出来的食物无法食用。

用猪油、砂糖和食用色素做成的冰激凌。

给草莓涂上口红。

用透明塑料块或丙烯酸块代替冰块。

用喷雾型除臭剂制造冷凝效果。

用不易发现的起泡剂制造气泡。

烤肉上的网格痕迹是用烙铁烙上去的。

在烤肉表面涂抹机油，增加烤肉的光泽。

用焊枪将烤肉的外层烤焦（里面还是生的）。

拉花是用肥皂沫做的。

这里面装的是白乳胶，不是牛奶。

咖啡其实是稀释过的酱油。

用镊子将涂了白乳胶的芝麻粘在面包上。

用来拍照的薯条都经过精挑细选，且摆放有序。

汉堡包中的食材用牙签固定好了，且层与层之间放置了硬纸板。

生菜上涂了甘油，看起来新鲜有光泽。

用吹风机加热奶酪，使其融化在冻着的肉上。

91 咖啡……

可以解乏提神。

A 人体内有一种叫作腺苷的化学物质。

A 腺苷与大脑中的腺苷受体结合后，会给身体传递出疲劳的信号。

C 咖啡中含有咖啡因，与腺苷的分子结构类似。

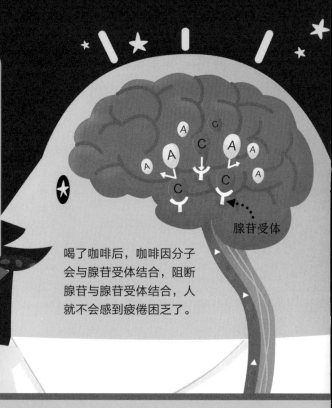

腺苷受体

喝了咖啡后，咖啡因分子会与腺苷受体结合，阻断腺苷与腺苷受体结合，人就不会感到疲倦困乏了。

92 绿色的土豆……

有毒。

如果暴露在阳光下，土豆会产生叶绿素，变成绿色。叶绿素是叶子呈现绿色的原因，它本身对人体无害。

但是阳光照射还会让土豆产生大量的龙葵素。摄入龙葵素会引发头晕、恶心、胃痉挛等症状。

所以土豆一旦变绿，就不能再吃了哟！

93 面包树……

可以养活全世界的人。

目前，全球还有约 1/9 的人吃不饱饭。这是一个世界性难题，一些科学家认为，原产于南太平洋的面包树可以解决这个问题。

热量高

面包树的果实——面包果，热量很高。一个面包果就能满足一个家庭一顿饭所需要摄入的碳水化合物。

富含蛋白质

在一些饥荒严重的地区，当地的人们很难获得足够的蛋白质。因此，面包果是他们获取蛋白质的最佳资源。

可提高免疫力

面包果中富含维生素 C，有助于提高人体的免疫力。

富含矿物质

面包果中富含抗氧化剂、钾、镁、铁和其他重要的矿物质。

产量高

面包树的成活率高，生长迅速，而且它们多见于饥荒严重的热带地区。一棵面包树一年能结 200 多个面包果。

食用建议

摘下后便可食用。

磨成粉。

切成块炖肉。

切成条炸着吃。

种子晒干后当干果吃。

面包果看起来像面包，但吃着口感像土豆！

94 钱币……

过去可以吃。

古今中外，不少地区曾经把食物当货币。理想的可食用货币有哪些特点呢？
需要便于携带、耐用、有标准大小和质量，当然还少不了美味可口。

下面列举了一些例子——

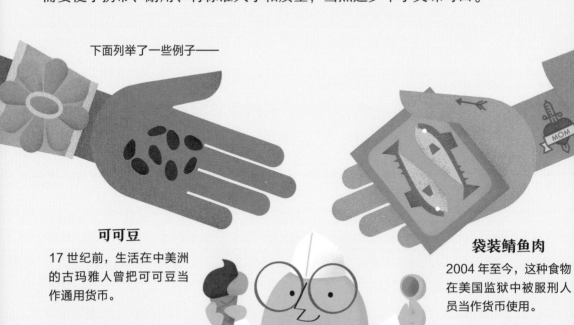

可可豆

17 世纪前，生活在中美洲
的古玛雅人曾把可可豆当
作通用货币。

袋装鲭鱼肉

2004 年至今，这种食物
在美国监狱中被服刑人
员当作货币使用。

岩盐条

16—20 世纪，埃塞俄比亚人
曾把这种食物当作通用货币。

芋头

一直以来，芋头都是太平洋
上的特罗布里恩群岛原住民
的通用货币。

茶砖

20 世纪之前，这是中国西藏和
西伯利亚之间地区居民的通用
货币。

95 准备一场中式宴席，

只需要一把刀就能完成。

世界上大多数国家的厨师都需要为自己准备几十把专业的厨房刀具，比如灵活的片鱼刀、细长的切肉刀、粗短的削皮刀等，但是中国厨师却只用一把菜刀就可以做出各种惊艳的美食。

刀面可以用来拍蒜或姜。

刀尖可以用来进行精细地切割。

刀刃可以用来剁、切、割。

刀背能用来拍打肉，这样可使肉吃起来更嫩。

刀面还可以用来盛食材，将它们从菜板运到锅里。

刀把可以用来捣酱料。

刀工是烹饪中国菜的基本功。对于中国的厨师来说，烹饪考验的就是切和烹的技艺。

最后一顿晚餐总共有 10 道佳肴。

1912 年 4 月 10 日，全世界最豪华的邮轮"泰坦尼克号"从英国起航，它将驶往美国。这艘邮轮除了大与豪华外，吸引人的地方还在于提供的独特餐饮服务。

起航四天后，灾难便降临了。这艘邮轮因为撞击到巨大的冰山而沉没海底。

灾难发生那一晚的菜单被一位幸存游客保存了下来，从上面我们可以看出邮轮上的奢华生活。

R.M.S. TITANIC

一等舱菜单

第一道菜：牡蛎拼盘

第二道菜：法式清汤

第三道菜：三文鱼黄瓜卷

第四道菜：菲力牛排

第五道菜：羊羔肉、烤鸭、西冷牛排

第六道菜：长叶莴苣

第七道菜：水芹烤乳鸽

第八道菜：芦笋冷盘

第九道菜：西芹鹅肝酱

第十道菜：水蜜桃巧克力松饼、茶、咖啡、葡萄酒、雪莉酒

"泰坦尼克号"上一共携带了 127,000 多套餐具，包括盘子、杯子和刀叉。

97 为了高产,

果农会租用蜜蜂传粉。

很多果树需要依靠蜜蜂传播花粉才能结出累累果实。当野生蜜蜂的数量过少时,果农就会租用人工饲养的蜜蜂来帮忙。

果树开花时,果农便会租用一些人工饲养的蜜蜂来传播花粉。

蜜蜂停在一朵花上采蜜时,花粉会沾在它们毛茸茸的身体上。

当蜜蜂落到另一朵花上采蜜,就完成了一次花粉传播。

渐渐地,花瓣逐渐凋落,一颗颗小果实开始长出来。

果实越长越大,也越来越甜。

蜜蜂每天会在距离蜂箱 3 千米的范围内传播花粉,晚上再飞回蜂箱。

由于蜜蜂并不知道果园确切的边界,因此果园附近的果树常常也会受益。

租用的蜜蜂一般会在夜间运输,因为夜晚是蜜蜂的休息时间,途中受伤的概率较小。

如果想高产,每公顷果园大约需要 100,000 只蜜蜂传粉。

98 世界上有一个人……

曾用两年时间吃掉了一架飞机。

一个叫作米歇尔·洛蒂托的法国男子因为吃金属和玻璃而出名，他被人们称为"铁胃大王"。他每天要吃掉 1 千克的金属，在 1978 年到 1980 年间，他吃掉了一架飞机。

下面是他吃过的一些东西——

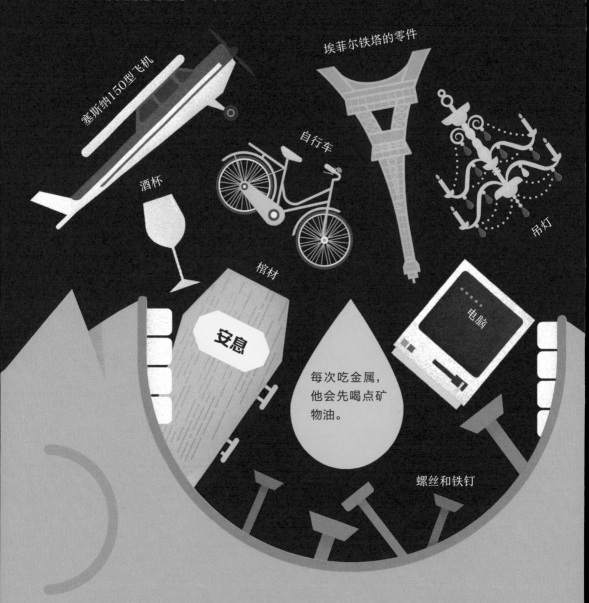

埃菲尔铁塔的零件

塞斯纳150型飞机

自行车

酒杯

吊灯

棺材

安息

电脑

每次吃金属，他会先喝点矿物油。

螺丝和铁钉

洛蒂托患有一种叫作异食癖的疾病，这种病的症状是不由自主地想吃一些没有营养的东西。他的胃黏膜非常厚，所以才不会被玻璃等危险的东西划伤。

99 在下雨天烘焙蛋白脆饼……

很难成功。

制作蛋白脆饼需要用到蛋白和白糖。烘焙成功的关键是保持原料干燥，但是在下雨天或潮湿的季节里，白糖会从周围的空气中吸收水分，导致无法做出酥脆的蛋白脆饼。

跟着这本食谱上的步骤，你就可以做出蛋白脆饼了。

大部分食谱都会提醒你制作时要保持搅拌碗洁净干燥。

蛋白脆饼

你需要准备以下食材：
4 个鸡蛋
200 克白糖

搅拌蛋白，再加入白糖，然后继续搅拌蛋液至发泡。

将烤箱调至 100℃，烘烤 1.5 个小时。

搅拌时，蛋液中会出现很多泡泡。但是如果空气潮湿，就很难达到这一效果。

烘焙的时间最好比食谱上写的长一点儿，这样做出来的蛋白脆饼才会色香味俱全。

100 睡前喝牛奶……

有助于改善睡眠。

牛奶中含有一种叫作色氨酸的化学物质。色氨酸被人体吸收后，会转化成有助于睡眠的激素。特别是在夜晚挤的牛奶中，色氨酸含量较高。

色氨酸
一种化学物质，可以转化成——

5-羟色胺
一种能使人产生愉悦情绪，感到放松和舒适的化学物质。

褪黑素
一种能调节人体睡眠周期的化学物质。褪黑素在夜间分泌较多。

夜晚，奶牛昏昏欲睡，它们乳汁中色氨酸的含量较高。

好困哪！

呼——

呼——

呼——

当喝了晚上挤的牛奶，人体中的 5-羟色胺和褪黑素含量也较高，会让人产生睡意，有助于改善睡眠。

褪黑素可以促进人体进入睡眠状态，因此常常被用来治疗失眠。

术语表

催化剂：能改变化学反应速率，而本身的量和化学性质并不改变的物质。

胆固醇：广泛存在于动物体内。胆固醇是人体必不可少的一种物质，但含量过高会危及健康。

蛋白质：一切生物体的重要组成部分，也是重要的营养素，主要存在于肉、鱼和豆类食物中。

电解质：血液中的电解质是一种带电粒子，它是维持人体正常运转的重要物质。大量运动后，身体排汗较多，电解质会随之流失。

豆类：所有产生豆荚的豆科植物，富含蛋白质。比如豆角、豌豆等。

发酵：培养有益微生物，并利用它们制造所需要的产品的过程。比如酿造酒。

谷物：稻、麦、谷子、高粱、玉米等作物的统称。

坏血病：由于人体缺乏维生素 C 所引起的疾病。

嫁接：植物繁殖的一种方式。将植物的一部分器官移接到另一株植物上，使它们愈合成长为一个新个体的技术。在农业上，嫁接技术常用于培育新品种。

酵母菌：一种微小的单细胞真菌，可以用来发酵面包等。

卡路里：一种热量单位，被广泛使用在营养计量和健身手册上。在 1 标准大气压下使 1 克水的温度升高 1℃所需的热量为 1 卡路里。

营养均衡

健康均衡的饮食应该包括以下各种食物。位于倒金字塔最上方的食物是人类每日需要摄入最多的，越往下需要的摄入量越少。

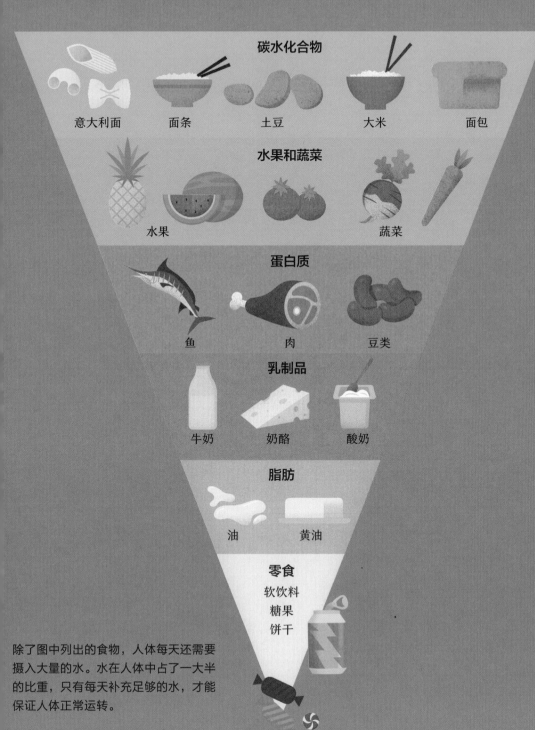

除了图中列出的食物，人体每天还需要摄入大量的水。水在人体中占了一大半的比重，只有每天补充足够的水，才能保证人体正常运转。

矿物质：和维生素一样，矿物质也是人体必需的营养素之一。

酶：生物体产生的具有催化功能的蛋白质。细胞新陈代谢包括的所有化学反应几乎都是在酶的催化下进行的。

美拉德反应：烹饪食物时生成褐色物质的反应，可以增加食物的香味和色泽。

米其林星级：餐饮业值得信赖的评级标准。获得此荣誉的餐厅其菜肴和服务都堪称一流。

明胶：用动物骨头和皮熬制而成的一种物质，多用作果冻和糖果等食物的凝固剂。

能量：一切生命活动或物质运动都需要能量。比如呼吸、运动、说话等。

农作物：农业上栽种的各种植物，包括粮食作物、油料作物、蔬菜、果树和做工业原料用的棉花、烟草等。

乳制品：以生鲜牛（羊）乳及其制品为主要原料，经过杀菌、浓缩、干燥、发酵等工艺制成的奶酪、酸奶等食品。

膳食纤维：膳食中不能被人体消化系统中的酶类所消化的植物性食物成分。多见于谷物和水果中。

食谱：介绍菜肴等制作方法的书。

水培：利用营养液代替土壤栽培植物的方法。

碳水化合物：不同类型糖的总称，包括单糖，多糖等。是为人体提供热能的主要营养素。

维生素：调节动物及人体正常代谢和生理机能，使之正常发育的一类有机化合物。维生素大多不能在体内合成，必须从食物中摄取。

维生素 C 缺乏症：缺乏维生素 C 所致的疾病。主要表现为皮肤、黏膜、皮下组织、肌肉、关节、腱鞘和内脏等出血。

味觉：味觉是指食物在人的口腔内对味觉感受器的刺激并产生的一种感觉。从味觉的生理角度分类，有五种基本味觉：酸、甜、苦、辣、咸。

味蕾：舌头上的微小凸起，是味觉感受器，可以辨别出食物的滋味。

无性繁殖：即不需要经过受精过程，由母体的一部分直接形成新个体的繁殖方式。无性繁殖的个体与母体的基因完全相同。

细菌：广泛分布于自然界，可在食物和人体内繁殖。有的对人体有益，有的则会引起疾病。

香料：在常温下能发出芳香的物质，分为天然香料和人造香料两大类。天然香料从动物或植物中取得，比如麝香、玫瑰的香精油等。

消化：食物在消化道内转变为易于吸收和利用的简单化合物的过程。不能吸收的残余物质则被排出体外。

消化系统： 将食物转变为可供吸收的化学物质的一组器官，包括口、咽、食管、胃、小肠、大肠等。

新陈代谢： 包括生命物质的新旧更替和生物体内能量转化过程这两个方面。

盐： 常温时一般为晶体。盐是人体生命的必需品，食盐不足容易导致肌肉痉挛、头痛、浑身无力等，但食盐过量，则容易引起水肿、高血压等疾病。

胰岛素： 胰腺分泌的激素，能促进脂肪和蛋白质的合成，调节体内血糖的含量。

营养： 生物体为满足自身生长发育和维持生命运动，从食物中摄入、消化、吸收、代谢所需物质的总称。

蔗糖： 白色晶体，有甜味，甘蔗和甜菜中含量丰富。日常食用的白糖或红糖中主要成分是蔗糖。

脂肪： 脂肪是生物体的组成部分和储能物质，会参与机体各方面的代谢活动。食用油、黄油、奶酪、肉等食物可以为人体提供所需的脂肪。

主食： 主食是指餐桌上的主要食物。它们是人类日常饮食所需蛋白质、淀粉、油脂、矿物质和维生素等的主要来源。主食是碳水化合物特别是淀粉的主要摄入源，因此主要包括以淀粉为主要成分的稻米、小麦、玉米等谷物。

索引

桂图登字：20-2019-077

100 Things to Know about Food
Copyright © 2022 Usborne Publishing Limited
Batch no:03805/19
First published in 2017 by Usborne Publishing Limited,England.

图书在版编目（CIP）数据

关于食物，你要知道的100件事 / 英国尤斯伯恩出版公司
编著；张晓桐，房欲飞译 . — 南宁：接力出版社，2022.5
（少年科学院）
ISBN 978-7-5448-7627-8

Ⅰ．①关… Ⅱ．①英…②张…③房… Ⅲ．①食品－少年读物 Ⅳ．① TS2-49

中国版本图书馆 CIP 数据核字（2022）第 029012 号

责任编辑：李 杨　　美术编辑：张 喆
责任校对：王 静　　责任监印：郝梦皎　　版权联络：闫安琪
社长：黄 俭　　总编辑：白 冰
出版发行：接力出版社　　社址：广西南宁市园湖南路9号　　邮编：530022
电话：010-65546561（发行部）　　传真：010-65545210（发行部）
http://www.jielibj.com　　E-mail:jieli@jielibook.com
印制：鹤山雅图仕印刷有限公司　　开本：710毫米×1000毫米　1/16
印张：8.5　　字数：120千字
版次：2022年5月第1版　　印次：2022年5月第1次印刷
印数：00 001—10 000册　　定价：68.00元

本书中的所有图片由原出版公司提供
审图号：GS（2022）1726号

查找资料

如果你想了解更多关于食物的科学知识，可以阅读其他与食物有关的图书，或者在强大的网络资源库中查找。

温馨提示：网络上的内容良莠不齐，最好在爸爸妈妈的陪同下查找哟。

你还可以阅读以下图书：
《尤斯伯恩看里面·揭秘食物》
《尤斯伯恩看里面低幼版·揭秘食物》
《你问我答科普翻翻书·W系列 食物》
......

一支专业团队通力合作，

才挖出了100件出入意料的事。

内容创作

萨姆·贝尔　瑞秋·福尔斯　罗斯·霍尔
艾丽斯·詹姆斯　杰罗姆·马丁

版式设计

杰米·鲍尔　弗雷亚·哈里森　伦卡·赫雷霍娃
艾丽斯·里斯　维姬·罗宾逊

插画绘者

费德里科·马里亚尼
帕科·波罗

顾问专家

克劳迪亚·哈夫拉奈克
珍妮·钱德勒

编辑	统筹编辑	统筹设计
亚历克斯·弗里斯	露丝·布洛克赫斯特	斯蒂芬·蒙克里夫